기발한
과학책

ASAP SCIENCE:

Answers to the World's Weirdest Questions, Most Persistent Rumors,

and Unexplained Phenomena

by Mitchell Moffit, Greg Brown

Illustrations by Greg Brown, Jessica Carroll, Mitchell Moffit

ASAP SCIENCE

누적 조회 수 5억 뷰 최고 인기 과학 유튜브 채널
ASAP SCIENCE

기발한
과학책

미첼 모피트, 그레그 브라운 | 임지원 옮김

사이언스
SCIENCE
BOOKS 북스

저희를 언제나 지지해 주고
영감을 주신 부모님들께 이 책을 바칩니다.
세상에 대한 호기심을
북돋워 주신 것에 감사드립니다.
부모님, 사랑합니다!

차례

사그라질 줄 모르는 질문과 소문, 그리고 기이한 현상들!

몸으로 말하기

가상적 상황들

감각 인식

뜨거운 사랑 그리고 다른 사랑을 추구하는 행동들

나쁜 행동의 바닥

꿈, 각성, 낮잠, 잠

사그라질 줄 모르는

질문과
소문,

그리고

기이한 현상들!

추위와 감기, 진짜 상관이 있을까?

"이제 겨울이구나!" 부모님은 말씀하십니다. "밖에 나갈 때 꼭 외투 입어라. 감기 걸릴라!" 물론 우리는 이렇게 대꾸하죠. "에이, 걱정 마세요. 춥다고 감기에 걸리지 않아요." 그런데 정말 그럴까요? 부모님과 여러분, 누가 맞을까요?

차가운 날씨와 감기는 확실히 연관성이 있는 듯합니다. 미국인 가운데 5~20퍼센트가 해마다 늦은 가을이나 겨울에 감기나 독감에 걸립니다. 감기를 영어로 'cold(차가운, 추운)'라고 하는 것도 다 이유가 있죠.

그런데 여기서 우리가 생각해 봐야 할 게 있습니다. 무엇보다 먼저, 감기나 독감 모두 바이러스가 일으킨다는 사실입니다. 그러니까 주위에 바이러스만 없다면 감기에 걸릴 일이 없습니다. 제 아무리 추워도 말이죠. 간단하죠?

그렇다면 왜 추운 날씨와 감기 사이에 상관관계가 나타나는 걸까요? 글쎄요, 한 가지 이유는 추운 겨울이면 사람들은 주로 실내에서 생활한다는 것입니다. 그러다 보니 더 많은 사람과 접촉하게 되지요. 접촉하는 사람이 많아진다는 것은 그만큼 병균에 노출될 가능성이 높아진다는 의미입니다.

거기에 더해서 습도도 몇몇 바이러스가 퍼져 나가는 데 영향을 줍니다. 겨울 동안 습도가 떨어지면 바이러스가 더 쉽게 전파될 뿐 아니라 평소에 병균의 침입을 막아 주는 방어벽 역할을 하는 콧속의 점막이 말라서 제 역할을 하지 못합니다.

마지막으로 비타민 D도 있어요! 우리의 면역계가 제대로 기능하는 데 매우 중요한 역할을 하는 비타민 D는 햇빛을 받으면 우리 몸에서 합성됩니다. 그런데 겨울이면 낮이 짧아지고 집안에서 보내는 시간이 많아지면서 인체는 비타민 D를 훨씬 적게 만들어 냅니다. 그게 건강에 나쁜 영향을 줄 수 있지요.

자, 그렇다면 부모님과의 논쟁에서 여러분이 이긴 것 같네요. 잠깐, 성급하게 결론 내리지 마세요!

감기에 걸리는 것과 온도가 아무런 상관이 없음을 보여 준 연구들도 있지만, 최근에는 그 반대 증거도 나왔습니다. 한 연구에서 일부 피험자들의 발을 얼음물에 넣게 했더니 얼음물에 발을 넣지 않은 피험자들에 비해 감기 증상이 나타나는 빈도가 더 높아졌습니다. 차가운 온도에서는 혈관이 수축되어 혈액 순환이 더뎌지지요. 따라서 바이러스를 찾아가야 하는 백혈구의 활동도 함께 느려지면서 결과적으로 전체적인 면역 반응이 억제되어 감기에 걸리는 것이 아닐까 하고 추측하고 있습니다.

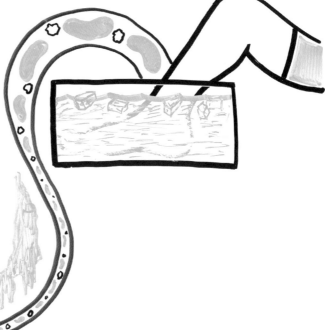

비타민 D

백혈구

코르티솔(cortisol)이라는 호르몬의 농도도 영향을 미칠 수 있습니다. 추위라는 스트레스가 코르티솔의 분비를 증가시키는데 코르티솔은 면역계의 활동을 억제합니다. 그뿐만 아니라 생쥐와 사람의 기도 세포를 연구한 결과, 일반적인 감기 바이러스에 대한 면역 반응이 실제로 온도에 따라 달라지는 것으로 나타났습니다. 바이러스에 감염된 세포는 스스로 죽어서 주변 세포들로 감염이 퍼져 나가는 것을 막도록 프로그램되어 있는데 이런 작용이 따뜻한 온도에서 더 잘 일어납니다.

마지막으로 바이러스 자체를 연구한 결과, 이 녀석들이 겨울이면 일종의 비밀 무기 비슷한 것으로 무장한다는 사실이 밝혀졌습니다. 낮은 온도에서 바이러스의 외벽 또는 외투가 훨씬 더 단단해져서 마치 방패와 같은 역할을 한다는 것입니다. 그 덕분에 바이러스는 사람들 사이에 더 쉽게 전파될 수 있습니다.

그러나 온도가 따뜻해지면 이 단단한 층이 젤리와 같은 형태로 바뀌어서 바이러스를 보호하는 기능이 훨씬 약해집니다. 그 결과 바이러스가 한 숙주에서 다른 숙주로 퍼져 나가는 힘이 약해집니다.

따라서 부모님 말씀이 꼭 틀렸다고 말할 수는 없습니다. 자, 그렇다면
모두가 행복한 타협안을 제시해 볼까요? 겨울에 바깥에 더 자주
나가십시오. 단, 옷을 따뜻하게 입고 말이죠. 그러면 감기에 걸리지 않고
무사히 겨울을 날 수 있을 거예요.

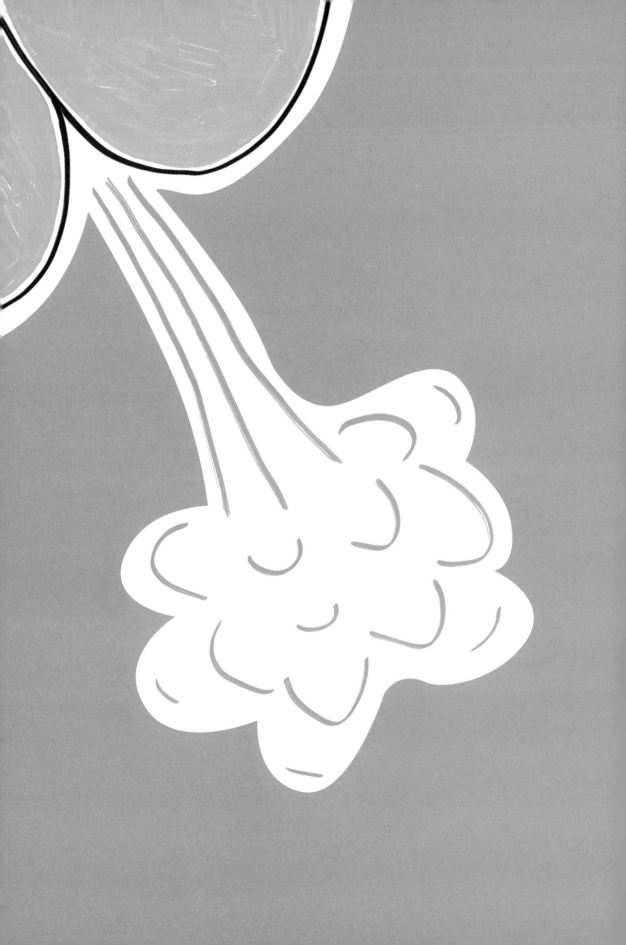

소리 없는 방귀가 더 독할까?

방귀 얘기가 나오면 일단 여러분은 웃음부터 터뜨리겠지요. 하지만 이번 기회에 한 번 짚고 넘어가 볼까요? 과연 조용히, 슬그머니, 얌전하게 몸 밖으로 새어 나오는 방귀가 요란하게 빵 터지는 방귀보다 더 지독한 냄새를 풍긴다는 얘기가 사실일까요? 정말 방귀의 세계에서는 조용한 놈이 더 센 걸까요?

방귀가 대체로 우리가 삼킨 공기로
이루어져 있다는 사실을 알면
아마 깜짝 놀랄 것입니다.
껌을 씹거나 청량음료를 마실 때, 혹은
그저 음식을 먹을 때 우리 몸속으로
함께 들어온 여분의 공기는 어디론가
빠져나가 줘야 합니다.

공기 중 일부는 트림으로 배출되지만,
나머지는 소화기를 따라 내려가 결국
여러분 몸 아래쪽 출구를 통해 밖으로
나가게 됩니다. 밖으로 나갈 때 공기의
조성은 주로 질소, 수소, 이산화탄소로
이루어지는데 이들은 모두 냄새가 나지
않는 기체입니다. 어떤 방귀는 소리는
요란한데 냄새는 거의 또는 별로 나지 않는
이유가 이 때문이죠.

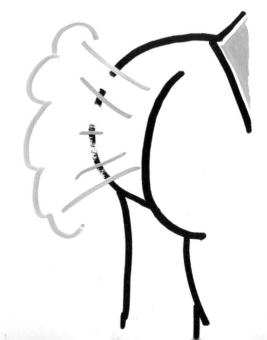

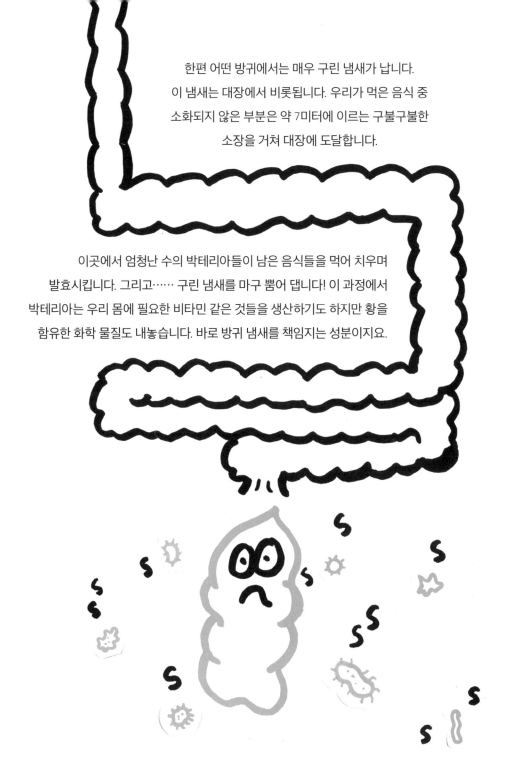

한편 어떤 방귀에서는 매우 구린 냄새가 납니다.
이 냄새는 대장에서 비롯됩니다. 우리가 먹은 음식 중
소화되지 않은 부분은 약 7미터에 이르는 구불구불한
소장을 거쳐 대장에 도달합니다.

이곳에서 엄청난 수의 박테리아들이 남은 음식들을 먹어 치우며
발효시킵니다. 그리고…… 구린 냄새를 마구 뿜어 댑니다! 이 과정에서
박테리아는 우리 몸에 필요한 비타민 같은 것들을 생산하기도 하지만 황을
함유한 화학 물질도 내놓습니다. 바로 방귀 냄새를 책임지는 성분이지요.

달걀, 고기, 브로콜리처럼 황이 풍부하게 들어 있는 음식을 먹으면 방귀 냄새는 더욱
지독해지기 쉽습니다. 그뿐만 아니라 이런 음식들이 장에서 머무는 시간이 길면
길수록 발효가 더 많이 일어나서 냄새도 더 심해집니다. 그렇지만 이 냄새 폭탄은
전체 방귀에서 고작 1퍼센트를 차지할 뿐입니다.

애초에 냄새 없는 기체의 양이 적으면 방귀는 냄새 성분으로 농축되고 대개가 조용해집니다. 부피가 작아지기 때문이죠. 이게 바로 소리는 작지만 냄새는 독한 방귀입니다! 그러나 소리가 큰 방귀라 하더라도 황 화합물의 양이 같다면 똑같이 지독한 냄새를 풍깁니다.

조용한 방귀

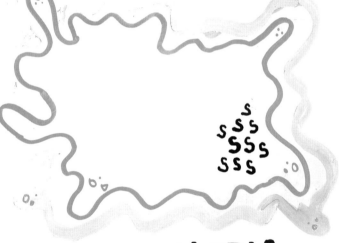

시끄러운 방귀

간단히 정리하자면, 소리가 큰 방귀는 냄새가 없는 공기 같은 기체의 비율이 높고, 조용한 방귀는 냄새 성분의 비율이 높을 가능성이 큽니다.

조용하게

그러나

지독하게

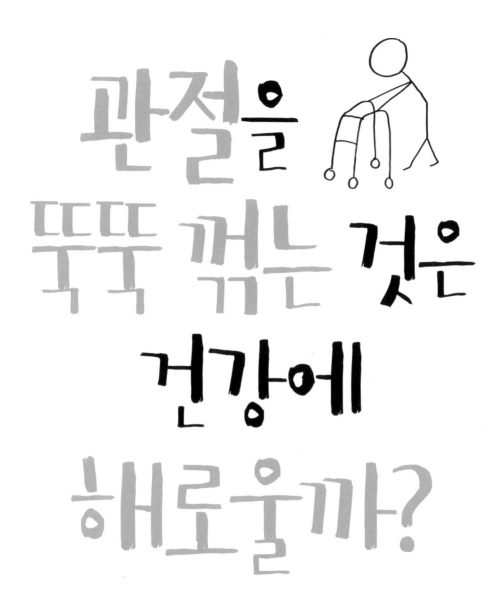

관절을 뚝뚝 꺾는 것은 건강에 해로울까?

관절을 뚝뚝 소리 내 꺾으면서 만족감과 편안함을 느끼는 사람들이 있습니다.
한편 그걸 보면 거슬리고 어딘가 징그럽다고까지 생각하는 사람들도 있지요.
관절 꺾는 소리는 확실히 극과 극의 반응을 불러일으킵니다. 그런데 관절을
꺾을 때 우리 몸에서 정확히 어떤 일이 일어나는 것일까요? 그리고
관절 꺾기가 우리 건강에 해롭지는 않을까요?

뼈와 뼈는 인대로 연결되어 있습니다. 뼈와 뼈가 만나는 곳이 관절이고요. 우리 몸에는 구조적으로 서로 다른 세 가지 종류의 관절이 있습니다. 두개골에 있는 섬유관절은 고정되어 있어요. 갈비뼈나 척추에 있는 연골관절은 움직일 수는 있지만, 그 움직임이 제한되어 있지요. 반면 팔꿈치나 무릎에 있는 윤활관절은 쉽게 움직일 수 있어요. 윤활관절은 마치 윤활유와 같이 마찰을 최소화하고 쉽게 움직일 수 있도록 해 주는 액체로 둘러싸여 있습니다.

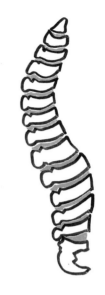

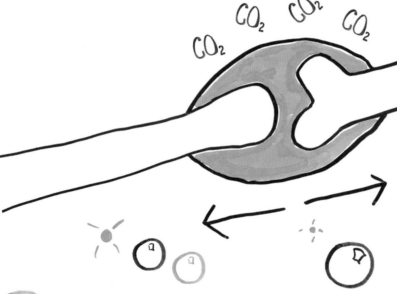

 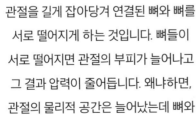

여러분이 관절을 꺾을 때 실제로는 관절을 길게 잡아당겨 연결된 뼈와 뼈를 서로 떨어지게 하는 것입니다. 뼈들이 서로 떨어지면 관절의 부피가 늘어나고 그 결과 압력이 줄어듭니다. 왜냐하면, 관절의 물리적 공간은 늘어났는데 뼈와 뼈 사이의 액체의 양은 그대로이기 때문이죠.

이렇게 압력이 감소하면 관절의 활액(synovial fluid, 관절액)이라는 액체 속에 들어 있던 이산화탄소와 같은 기체들이 새로 확장된 공간을 채우려고 밀려 나오면서 거품을 만듭니다. 관절을 심하게 잡아당기면 압력이 낮아지면서 거품이 터지게 되고 그때 바로 '톡' 또는 '뚝' 하는 소리가 나게 됩니다.

그 후 기체가 다시 활액 속으로 녹아
들어가는 데엔 15분에서 30분
정도의 시간이 걸립니다. 관절을
한 번 꺾은 다음 곧바로 다시 꺾을 수
없는 이유가 바로 이것이죠.

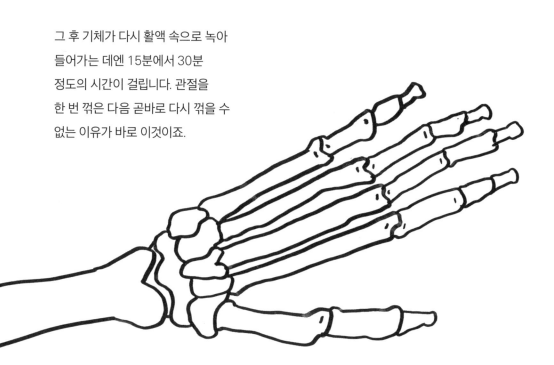

관절, 특히 손가락 관절을 꺾으면
관절염에 걸린다는 얘기가 있지만
이 주장을 뒷받침해 주는 증거는 아직
없습니다. 하지만 너무 자주 반복해서
손가락 관절을 꺾으면 손의 쥐는 힘이
약해지고 관절을 둘러싼 관절주머니의
조직을 손상시킬 수 있습니다. 따라서
뚝 하는 소리로 기분 좋은 느낌을
갖기보다는 관절을 가만히 내버려 두는
편이 건강에는 더 낫습니다.

5초 법칙은 믿을 만할까?

마지막 한 개 남은 초콜릿 칩 쿠키를 바닥에 떨어뜨리거나 감자튀김을 식탁 위에 흘렸을 때, 또는 곰돌이 젤리를 통째 쏟아 버렸을 때 우리는 마음속으로 생각하지요. "아, 이걸 먹어도 될까?" 5초 법칙이란 여러분이 음식을 땅에 떨어뜨렸을 때 5초 이내에 주워서 먹는 것은 괜찮다는 주장입니다. 그런데 잠깐만요, 정말 5초 안에만 먹으면 괜찮을까요?

시간은 제각기 다르지만(10초 법칙, 20초 법칙)
이런 종류의 민간전승 법칙에는 공통으로 깔린
전제가 있습니다. 일정 시간 동안은 음식이 박테리아에
오염되지 않는다는 믿음이지요. 이런 전제가
사실인지 아닌지 알아보기 위해서 우리는 먼저
오염의 위험성에 대해 이해할 필요가 있습니다.

우리 집 안에
존재할 법한 박테리아 중에서
가장 해로운 녀석은 바로
쥐 티푸스균(*Salmonella typhimurium*)입니다.

살모넬라균의 한 종류로 특히
고약한 이 박테리아는 전 세계 모든 곳에
사는 동물들의 소화 기관과 똥에서
발견됩니다. 그리고 이 녀석은 우리가
먹는 음식을 오염시키죠.

박테리아는 날것이나 덜 익힌 음식을 통해 우리 몸에 들어오는데, 그 수가 아주 많으면 병을 일으킵니다. 위에서 분비하는 위산으로 많은 박테리아가 죽지만, 그런데도 살아남은 녀석들은 소장으로 내려가 증식하기 시작합니다. 그러면 염증이 생기면서 배가 아프고 설사나 구토를 하게 되지요. 그러니까, "속이 안 좋다."는 말은 정확하게는 "소장이 안 좋다."입니다.

덜 익은 음식을 먹어서 쥐 티푸스균에 감염되는 경우 말고도 이 균은 집 안의 표면에 묻은 채로 4주까지도 살아남을 수 있습니다. (부엌을 자주, 깨끗하게 청소해야 하는 중요한 이유가 여기에 있습니다!) 다른 박테리아들도 비슷한 생존율을 보이는 것으로 나타났죠. 이러한 사실에 기초해서 흥미로운 실험이 진행되었습니다. 5초 법칙이 맞는지 알아보기 위해 쥐 티푸스균을 타일과 카펫, 나무 바닥에다 각각 묻힌 다음 그 위로 볼로냐 햄을 떨어뜨렸습니다.

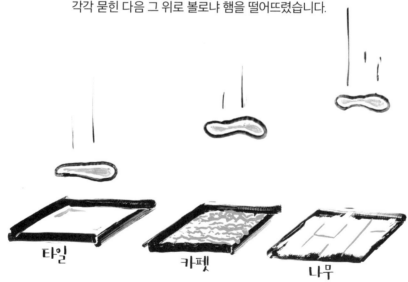

타일　　　　　카펫　　　　　나무

볼로냐 햄을 타일 위에 떨어뜨리자 5초 동안 거의 99퍼센트가 햄으로 옮아왔습니다. 그런데 카펫에 떨어뜨린 햄에는 매우 적은(0~5퍼센트) 수의 박테리아만 옮아왔습니다. 나무 바닥에 떨어뜨린 햄의 경우엔 옮아온 정도가 다양했고요(5~68퍼센트). 그러니 부엌 바닥에다 카펫을 까는 게 그리 나쁜 생각은 아니겠네요!

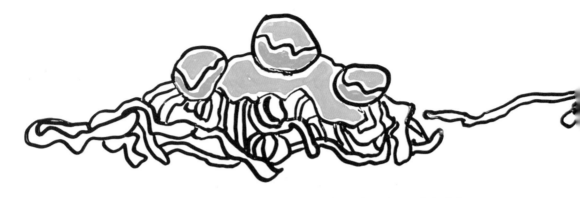

또 다른 연구에서는 크래커처럼 마르고 바삭바삭한 식품보다는 파스트라미 햄과
같이 물기가 많은 식품에 박테리아가 더 잘 묻는다는 사실을 밝혀냈어요. 이 결과는 2초든 6초든
시간에는 상관없이 항상 일정했답니다. 그러니까 중요한 것은 박테리아로 오염된 곳에 얼마
동안 노출돼 있었느냐가 아닙니다. 식품에 습기가 얼마나 많으냐가 더 중요한 것이지요.

마지막으로 연구자들은 우리가 매일 마주하는
'일상적 환경'에서 확인을 해 봤습니다. 대학 교정을
찾아가 학생들이 식사할 만한 장소 곳곳에서 사과
조각이나 작고 말랑말랑한 캔디 따위를 떨어뜨린 후
살모넬라균에 오염되는 시간을 알아보았죠.

놀랍게도 떨어진 음식에 살모넬라균이 전혀 묻지 않았습니다! 바닥에 5초, 10초,
심지어 30초 동안 떨어뜨렸다가 주웠는데도 전혀 오염이 되지 않은 것입니다. 이 결과는
살모넬라균이 공공장소의 표면에 흔히 존재하는 건 아니라는 사실을 암시합니다.
그렇지만 특정 박테리아에만 초점을 맞추지 않고 전반적인 오염을 살펴본 실험에서는
고작 2초 만에 박테리아가 식품으로 옮겨 온 것으로 나타났습니다.

결국 5초 법칙은 수많은 변수에 좌우된다고 할 수 있습니다. 일단 어떤 박테리아가 존재하는지, 그리고 어떤 음식(수분이 많은지 적은지)을 떨어뜨렸는지, 또한 바닥 표면이 어떤 재질인지 등이 모두 결과에 큰 영향을 미칩니다. 간단히 말하자면, 오염만 놓고 본다면 5초 법칙 따위는 창밖으로 던져 버리는 편이 나을 듯합니다. 박테리아가 있는 바닥에 음식을 떨어뜨리면 1초도 안 돼서 오염이 되니까요. 다만 그 음식을 먹어도 괜찮은지, 탈이 날 것인지 여부는 다양한 요소에 따라 달라질 수 있습니다.

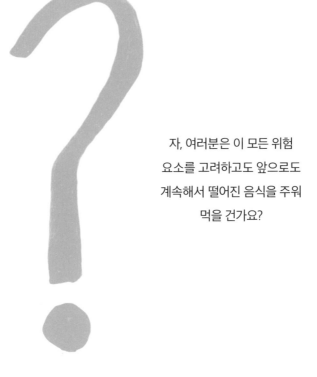

자, 여러분은 이 모든 위험 요소를 고려하고도 앞으로도 계속해서 떨어진 음식을 주워 먹을 건가요?

출산의 고통과 남자가 거시기를 채였을 때 느끼는 통증 중 어느 쪽이 더 아플까?

남성과 여성, 양성이 치르는 전쟁에서는 어느 한쪽도 한 치의 물러섬이 없습니다. 여성만이, 또는 남성만이 겪는 통증을 놓고, 어느 쪽이 더 심한지를 두고 벌이는 설전 또한 해묵은 주제죠. 여성 입장에서 보자면 수박만 한 물체가 동전만 한 구멍을 통과해야 하는 상황은 상상만으로도 끔찍합니다. 그러나 남자들은 소중한 '그곳'을 아주 살짝 툭 치는 것만으로도 옴짝달싹할 수 없을 만큼 아프다고 야단입니다. 자, 그렇다면 과연 여자가 아기를 낳을 때와 남자가 그곳을 채였을 때, 어느 쪽이 더 아플까요?

인터넷에 떠도는 이야기가 있습니다. 우리가 느끼는 통증의 단위를 델(del)이라고 하면 인간의 몸은 최대 45델까지 참을 수 있답니다. 그런데 아이를 분만하는 동안 여성은 통증을 57델까지 느끼며 그것은 우리 몸의 뼈 20개가 동시에 부러지는 것에 맞먹는 통증이라고 말이지요.

더 나아가 고환을 걷어차이면 남자는 무려 9000델의 통증을 느낀다고 하네요. 과연 이 주장들은 사실일까요? 양쪽 모두 인간이 감당할 수 있는 통증의 한계를 벗어난다는 면에서 터무니없을뿐더러 '델'이라는 통증의 단위도 실제로는 존재하지 않습니다.

델 = 사기

한때 사람들이 통증을 뜻하는 라틴어 'dolor'에서 따온 '돌(DOL)'이라는 용어를 사용해서 통증의 정도를 나타낸 적이 있긴 합니다. 그러나 통증을 평가하는 좀 더 정확한 방법들이 개발되면서 더는 사용하지 않게 되었죠.

통증이란 무엇인가?

이 질문에 똑똑하게 접근하기 위해선 먼저 통증이 무엇인지 이해할 필요가 있습니다. 생각보다 쉽지 않은 일이죠. 우리 몸에는 특별히 통증에 반응하는 통각 수용기(nociceptor)라는 신경 세포가 있습니다.

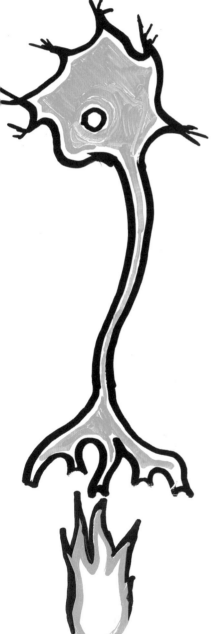

다른 신경 세포들은 피부를 살짝 건드리거나 정상적인 온도 변화 등 작은 자극에도 쉽게 발화되어 신호를 전달하지만 통각 수용기 세포들은 통증의 세기가 특정 문턱값을 넘어서야만 발화합니다. 어떤 통각 수용기는 재빨리 반응해서 척수와 뇌에 즉각 신호를 보내 급작스럽고 날카로운 통증을 일으킵니다. 또 다른 통각 수용기는 좀 더 천천히 신호를 전달하는데 이들은 오래 계속되는 둔한 통증을 담당하고 있습니다.

남자

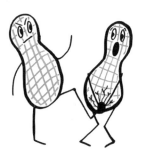

고환은 체강에서 비롯된 내부 장기입니다. 간과 같은 내부 장기들은 통증을 느끼지 못하지만 고환은 수많은 통각 수용기로 뒤덮여 있어서 통증에 매우 민감합니다. 번식을 위해 고환의 안위는 그 무엇보다 중요할 테니까요.

구토 중추

그뿐만 아니라 고환은 위장에 있는 신경들과 연결되어 있습니다. 그리고 뇌의 '구토 중추'와 직접 연결된 미주 신경(vagus nerve)과도 풍부하게 연결되어 있고요. 고환을 채이면 통증이 배 전체로 퍼져 나가고 곧이어 속이 메스꺼워지며 혈압과 심박 수가 올라가고 땀이 줄줄 나는 이유가 바로 여기에 있습니다. 상당히 괴롭겠네요.

여자

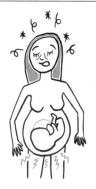

하지만 신사 여러분, 속단하기엔 이릅니다. 비록 아이를 낳는 과정은 내부 장기를 세게 얻어맞는 통증과는 상관없지만, 자궁이 물리적으로 팽창하면서 역시 통각 수용기를 자극합니다. 그 결과 산모는 그곳을 채인 남성 못지않게 뱃속 깊은 곳에서부터 고통을 느낍니다.

게다가 진화 과정에서 여성의 엉덩이는 점점 작아진 반면 아기의 머리는 점차 커져 왔다는 사실을 생각해 보세요! 그뿐인가요? 출산의 진통은 평균 8시간 동안 계속됩니다. 그동안 여성은 메스꺼움, 피로감, 통증을 느끼지요. 그리고 아기가 나오면서 근육과 주변 조직이 팽팽하게 당겨지고 늘어나면서 날카로운 국소적 통증을 일으키며 통증의 정점을 찍습니다.

자, 자, 그러니 여성과 남성,
양쪽 다 아픈 것은 명백합니다.
엄청난 자극이 뇌의 통증 중추로
신호를 보내고요.

그런데 여기서 약간 문제가 복잡해집니다.
통증은 단순한 신체적 반응이 아니라 부분적으로
지각된 경험 내지는 주관적 경험의 영역에
속합니다. 그러니까 모든 사람이 통증을 제각기
다르게 지각한다는 것이죠.

사람들마다 다르게 느낄 뿐만 아니라
같은 사람이라 해도 그때그때의 기분,
각성 정도, 심지어 과거의 경험 여부에 따라
통증을 다르게 느낍니다. 바로 그래서 통증을
객관적으로 측정하고자 했던 수많은 시도들이
실패로 돌아갔던 것이고요.

흥미롭게도 팔 절단 수술을 받은 사람 중
80퍼센트가 환지통(幻肢痛, phantom limb pain)을
느낀다고 합니다. 팔이 더는 존재하지 않는데
그 팔이 여전히 아픈 거예요. 이 현상이 어떻게
일어나는지에 대해선 아직까지 밝혀지지
않았습니다. 하지만 통증을 유발하는 자극이
없었다는 것만은 확실하지요. 그런데도 환자는
매우 생생하고 진짜 같은 통증을 그대로
느낍니다.

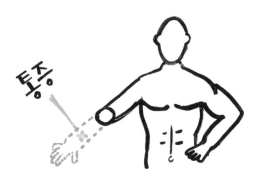

37

그런 의미에서 통증은 '자극'이 아닙니다.
개인마다 다르게 느끼는 '경험'이지요. 그러니까
출산의 고통이나 고환을 걷어차인 느낌은
둘 다 굉장히 아프다고 말하는 것만으로
충분할 듯합니다. 이번 양성 대결은 무승부를
선언해야겠네요. 경험은 개인마다 완전히
다르고 통증에는 많은 요소들이 관여한다는
사실을 떠나서 경우에 따라 남성이 여성보다
더 큰 아픔을 느낄 수 있습니다. 그 반대도
마찬가지고요. 이 두 가지 고통스러운 경험의
가장 큰 차이점은 한쪽은 아픔의 결과로 아기를
얻고 한쪽은 잠재적으로 아기를 얻을 가능성이
낮아진다는 것입니다.

통증은
주관적이다.

털을 깎으면 더 굵고 뻣뻣한 털이 난다는 게 사실일까?

면도를 하면 더 굵고 뻣뻣하고 색이 짙은 털이 난다는 이야기를 한 번쯤 들어 봤을 겁니다. 심지어 어떤 사람들은 털이 더 빨리 자란다고도 해요. 이런 이야기는 과연 믿을 만할까요?

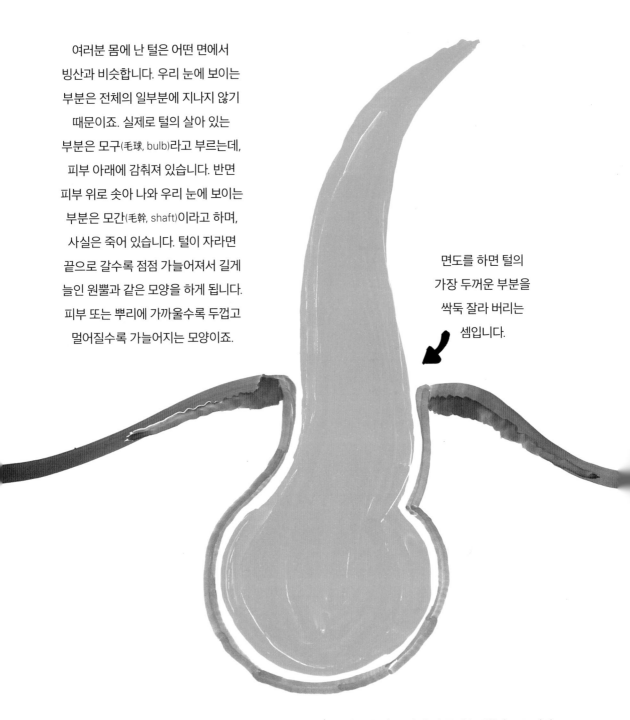

여러분 몸에 난 털은 어떤 면에서 빙산과 비슷합니다. 우리 눈에 보이는 부분은 전체의 일부분에 지나지 않기 때문이죠. 실제로 털의 살아 있는 부분은 모구(毛球, bulb)라고 부르는데, 피부 아래에 감춰져 있습니다. 반면 피부 위로 솟아 나와 우리 눈에 보이는 부분은 모간(毛幹, shaft)이라고 하며, 사실은 죽어 있습니다. 털이 자라면 끝으로 갈수록 점점 가늘어져서 길게 늘인 원뿔과 같은 모양을 하게 됩니다. 피부 또는 뿌리에 가까울수록 두껍고 멀어질수록 가늘어지는 모양이죠.

면도를 하면 털의 가장 두꺼운 부분을 싹둑 잘라 버리는 셈입니다.

털이 다시 자라나면 새로운 모간이 피부를 뚫고 나오는데, 마치 나무를 베어 낸 그루터기와 같은 잘려진 부분이 피부 위로 올라옵니다. 그런데 이 그루터기와 같은 털은 여러분이 면도할 때 잘라 낸 바로 그 털과 정확히 똑같은 굵기의 털입니다.

새로 올라온 털이 더 굵게 '보일'지 모르지만 실제로는 그렇지 않다는 것이죠. 털의 굵기를 결정하는 것은 모낭(follicle, 털주머니)의 크기입니다. 죽은 모간을 잘라 내는 일은 털의 굵기에 조금도 영향을 미치지 않습니다.

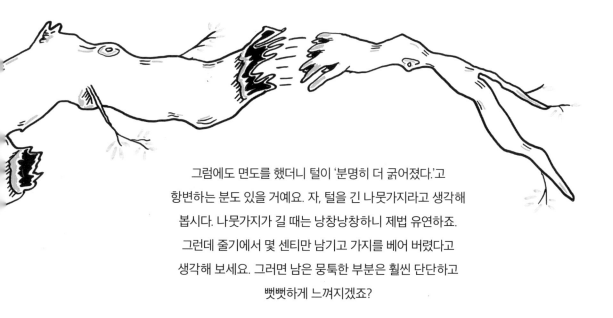

그럼에도 면도를 했더니 털이 '분명히 더 굵어졌다.'고
항변하는 분도 있을 거예요. 자, 털을 긴 나뭇가지라고 생각해
봅시다. 나뭇가지가 길 때는 낭창낭창하니 제법 유연하죠.
그런데 줄기에서 몇 센티만 남기고 가지를 베어 버렸다고
생각해 보세요. 그러면 남은 뭉툭한 부분은 훨씬 단단하고
뻣뻣하게 느껴지겠죠?

털의 색깔은 어떨까요? 털의 색은 우리 피부에서 멜라닌(피부와 털에 색을 부여하는 색소)을 생성하는
멜라노사이트(melanocyte)라는 세포에 의해 결정됩니다. 면도한 후에 돋아나는 털은 색이 더 짙게
느껴질 때가 많은데, 사실 털의 색 자체는 변화가 없습니다. 새로 나온 수염이나 털이 더 짙게 느껴지는
이유는 다음과 같습니다. 첫째, 피부를 배경으로 점점이 박힌 털의 그루터기들은 색상 대조가 더 크게
느껴집니다. 둘째, 새로 난 털들은 아직 햇빛이나 화학 물질에 의해 색이 옅어지지 않았습니다.

털을 밀면 더 빨리 자란다는 믿음 역시
엉터리임이 과학적으로 밝혀졌습니다. 털의
성장 속도에 관한 모든 실험에서 면도나
이발은 아무런 영향을 주지 않는 것으로
드러났습니다.

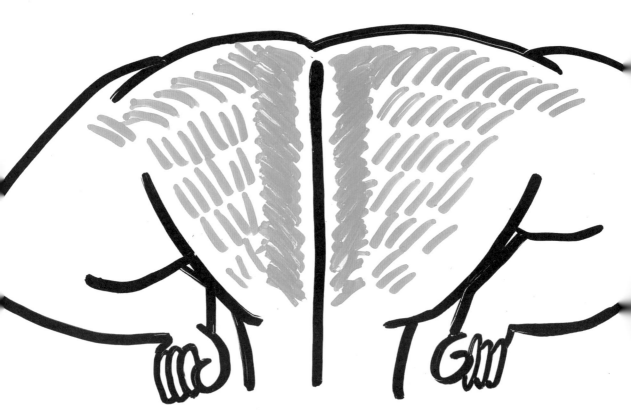

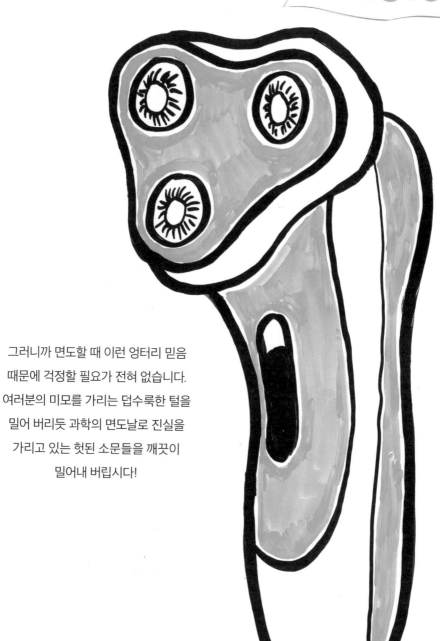

그러니까 면도할 때 이런 엉터리 믿음
때문에 걱정할 필요가 전혀 없습니다.
여러분의 미모를 가리는 덥수룩한 털을
밀어 버리듯 과학의 면도날로 진실을
가리고 있는 헛된 소문들을 깨끗이
밀어내 버립시다!

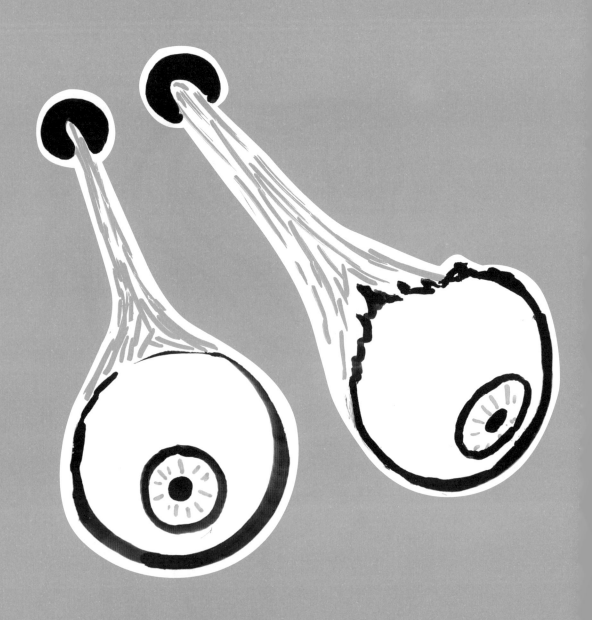

재채기를 세게 하면 눈알이 튀어나올까?

많은 경우에 그분은 예고 없이 찾아옵니다. 신호가 온 지 1초도 안 돼서, 몸을 추스를 새도 없이 '에취' 하고 발사되어 버리죠. 재채기할 때 심장이 잠깐 멎는다거나 눈알이 튀어나올 수 있다는 얘기가 떠돌고 있습니다. 그 정도로 격렬한 반응을 일으키는 재채기에 대해 우리는 좀 더 알아볼 필요가 있지 않을까요? 무엇이 이 강력한 현상을 일으키는 걸까요? 실제로 재채기는 얼마나 힘이 셀까요?

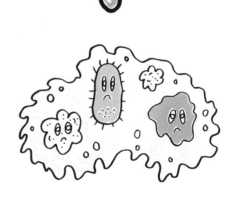절대 들어올 수 없을걸!

재채기는 콧물과 마찬가지로 해로운 입자나 세균,
바이러스 따위가 코 안으로 들어오는 걸 막기 위해
우리 몸이 펼치는 단순한 방어 기제입니다. 폐에서
강하게 공기를 밖으로 뿜어내서 외부의 침입자들을
몸 밖으로 날려 버리려는 것이죠.

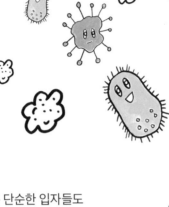

먼지, 꽃가루, 후추와 같은 단순한 입자들도
콧구멍 안의 코털과 점막을 자극해서
히스타민(histamine)이라는 물질을 분비하게 합니다.
히스타민은 우리 몸의 면역계에서 만들어 내는 화학
물질로 코의 신경 세포를 자극해 뇌로 가는 신호를
발화시킵니다. 또한, 주변의 코 점막에서 액체를
분비해서 콧물이 흐르게 합니다. 알레르기 약이나
감기약, 콧물 약 등에 항히스타민 성분이 들어
있는 이유가 바로 이것입니다. 콧물을 흐르게 하는
히스타민의 효과를 억제하려는 것이지요.

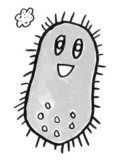

뇌에 전달된 신호는 3차 신경(trigeminal nerve)망을 지납니다. 이곳은 우리 얼굴 대부분—눈과
눈썹, 이마, 두피, 뺨, 치아, 위턱과 아래턱, 심지어 귀—의 조절을 맡고 있죠. 이 놀라운
신경망이 뇌의 아래쪽에 있는 '재채기 중추'를 자극하면 재채기 발사를 위한 준비가
시작됩니다. 우리 뇌는 얼굴과 목구멍, 가슴에 있는 근육들과 재빨리 신호를 주고받습니다.
신호를 받은 근육들은 반사적으로, 그리고 힘을 합해서 재채기를 발사합니다. 콧구멍을
간질이는 침입자가 누구건 내쫓아 버리는 거죠.

시속
50~70킬로미터

그렇다면 재채기는 과연 얼마나 강력할까요?
이 엄청난 돌풍의 속도는 평균 시속 50~70킬로미터라고 합니다!

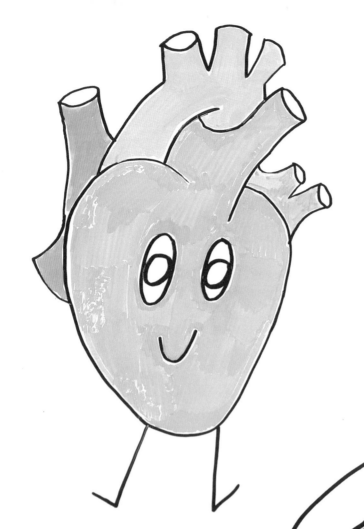

그러나 걱정하지는 마세요. 분명
엄청난 속도긴 하지만, 일부 사람들이
얘기하듯 심장 박동이 멈춘다든지
눈알이 튀어나올 정도로 세진
않으니까요. 가슴 근육이 수축되며
일시적으로 혈액의 흐름을 제한할
수는 있습니다. 하지만 우리의
심장은 전혀 개의치 않고 하던 일을
계속한답니다.

마찬가지로 재채기를 할 때
눈을 감는 이유는 눈알이 튀어나가는
걸 막는 것과는 전혀 관계가 없습니다.
단순한 반사 반응일 뿐입니다. 자극을
받은 신경망이 눈꺼풀을 조절하는
기능도 수행하기 때문에 자연스럽게
눈을 감는 것이죠.

그런데 지극히 특이한 상황에서 재채기를 하는 현상은 어떻게 설명해야 할까요? 온도가 갑자기 내려가거나, 운동이나 섹스를 한 후에, 또는 배가 부를 때와 같이 특이한 원인으로 재채기를 하는 사람들이 많이 있습니다. 갑자기 햇빛에 노출되면 재채기를 하는 '광반사 재채기(photic sneeze reflex)' 증상은 전 인구의 3분의 1 정도가 갖고 있는 것으로 보고되었습니다. 광반사 재채기는 '에취(ACHOO, Autosomal-dominant Compelling Helio-Ophthalmic Outburst) 증후군'이라고도 부르죠.

이런 증상이 나타나는 이유는 시신경에서 들어온 신호가 3차 신경의 신호와 교차하기 때문인 것으로 보입니다. 빛이 눈을 자극한다고 뇌에다 알려야 하는데 생물학적 오류가 일어나는 바람에 3차 신경이 콧구멍에 자극을 받았다고 뇌에다 전달합니다. 그 결과 재채기가 나오는 것이죠!

자, 이렇게 재채기는 자동적이고 무의식적인, 온몸을 뒤흔드는 격렬한 전신 운동처럼 느껴지지만 실제로는 우리 몸이 우리의 코를 청소하는 한 가지 방법일 뿐입니다.

인체의 "자연 발화, 진짜일까?

사람 몸이 갑자기 불타오른다는 것이 가능할까요?

말도 안 되는 소리처럼 들리죠? 그런데 저절로 사람 몸에 불이 나서 타 버린

사례가 수백 건 이상 보고돼 있습니다. 처음 기록된 것은 1663년이었고요.

그런데 과연 사실일까요? 이런 현상에 과학적인 근거가 있을까요? 더욱 중요한

사실로, 어쩌면 나에게도 이런 일이 일어날 수 있을까요?

사람 몸에 저절로 불이 났다는 사례는 대부분 비슷한 맥락을 갖고 있습니다. 나이 많은 노인이(대개는 비만이구요.) 혼자 있다가 완전히 불에 타서 잿더미가 된 채로 발견됩니다. 시신 주변에는 불 탄 흔적이 있지만 집은 고스란히 남아 있고요.

가장 엽기적인 부분은 많은 경우에 시신의 말단 부위, 그러니까 손과 발은 타지 않고 고스란히 남아 있다는 것입니다. 그러나 무엇보다 가장 중요한 사실은 거의 모든 사례에서 몸에 저절로 불이 붙어 타오르는 장면은 목격되지 않았습니다. 오직 불이 탄 후에 발견되었죠.

심지 효과

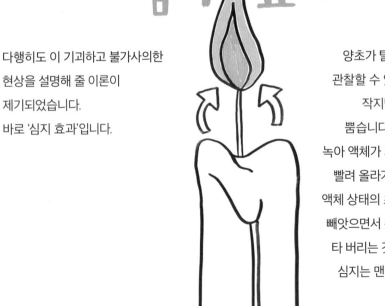

다행히도 이 기괴하고 불가사의한 현상을 설명해 줄 이론이 제기되었습니다.
바로 '심지 효과'입니다.

양초가 탈 때 우리는 심지 효과를 관찰할 수 있습니다. 양초의 불꽃은 작지만 엄청나게 높은 온도를 뿜습니다. 그 결과로 주변의 초가 녹아 액체가 되고 그것이 심지를 따라 빨려 올라가 기체로 변하죠. 이렇게 액체 상태의 초가 기화될 때 에너지를 빼앗으면서 온도를 낮춰 주어 심지가 타 버리는 것을 막아 줍니다. 그래서 심지는 맨 마지막에야 불타서 재가 되는 것입니다.

이 심지 효과와 인간 발화 현상이 어떤 관련이 있을까요?
가설에 따르면 담배나 다른 작은 불꽃이 옷의 작은
부위에 옮겨 붙으면서 옷 속 피부를 태웁니다.
피부가 타서 벌어지면서 그 아래에 있던
지방층이 노출되지요.

그리고 불이 붙은 옷 주변의 지방이 마치
양초와 같이 불꽃의 연료가 됩니다(실제로 양초는
원래 동물의 지방으로 만들었습니다.[o]). 불이 붙은 천이 심지가
되고 사람의 지방층은 양초의 왁스 역할을 해서 작은 불꽃이
주변으로 번지지 않으면서 천천히 오래도록 탑니다. 연료가 다 없어질
때까지 말이죠.

돼지를 가지고 직접 실험을 해서 이 가설을 입증한 일이 있습니다. 그리고 이 실험에서 왜 이따금 손이나
발이 타지 않고 남아 있는지도 확인되었어요. 이 부분은 신체 부위 중 지방 함량이 매우 낮기 때문입니다.

o 지금은 석유에서 얻는 파라핀이 양초의 주성분입니다.—옮긴이

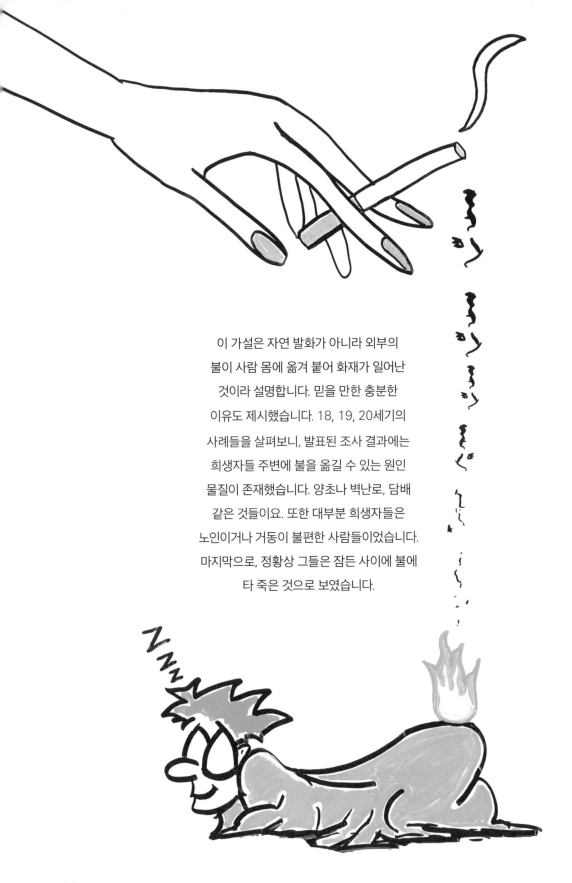

이 가설은 자연 발화가 아니라 외부의 불이 사람 몸에 옮겨 붙어 화재가 일어난 것이라 설명합니다. 믿을 만한 충분한 이유도 제시했습니다. 18, 19, 20세기의 사례들을 살펴보니, 발표된 조사 결과에는 희생자들 주변에 불을 옮길 수 있는 원인 물질이 존재했습니다. 양초나 벽난로, 담배 같은 것들이요. 또한 대부분 희생자들은 노인이거나 거동이 불편한 사람들이었습니다. 마지막으로, 정황상 그들은 잠든 사이에 불에 타 죽은 것으로 보였습니다.

그럼에도 여전히 인체의 자연 발화 현상이 가능하다고 생각되나요? 그렇다면 지구상에서 인간 외에 다른 동물에서는 자연 발화 사례가 발견된 적이 없다는 사실을 고려해 보세요. 자연 발화는 오직 사람에게만 의심되는 현상입니다.

그러니
여러분 몸에서
저절로 불이 날 걱정일랑
접어 두고 편안히 주무시길!

과도한 TV 시청은 건강에 해로울까?

2주 연속으로 올림픽 중계를 밤낮 시청한다든지, 새로 나온 비디오게임을 끝까지 뚫는 데 도전한다든지, 좋아하는 TV 프로그램을 몰아서 다시 보기로 시청한다든지, TV 화면 앞에 앉아 오랜 시간 시선을 고정해 본 경험이 있을 겁니다. 이렇게 오랫동안 TV 앞에서 시간을 보내는 일이 우리 몸에 어떤 영향을 미칠까요?

과거에 TV 시청이 진짜로 치명적이던 시절이 있었습니다. 1967년 만들어진 TV 중 일부가 제조 과정의 오류로 인체에 해로운 X선을 방출했습니다. 오늘날 안전 기준량의 10만 배가 넘는 양의 방사선을 뿜어냈다고 합니다.

오늘날의 텔레비전도 시청자의 눈에 부담을 줍니다. 정상적인 상황에서 사람의 눈은 1분당 18회 정도 깜박거립니다. 그런데 우리가 TV 화면을 바라볼 때는 깜빡이는 횟수가 급격히 줄어들어 눈이 따끔거리거나 피로해집니다. 다행히 이 증상은 대부분 일시적이어서 다시 회복됩니다.

그러나 어린이의 경우 단지 집 안에서 많은 시간을 보내는 것만으로도 신체 발달에 좋지 않은 영향을 줍니다. 눈이 제대로 초점을 맞추지 못하는 근시는 집 안에서 많은 시간을 보내는 어린이에게서 많이 나타납니다. 집 안에만 있으면 먼 거리에 있는 경치를 바라보지 못하고 가까운 사물에만 초점을 맞추기 때문이지요. 그뿐 아니라 과학자들은 햇빛 자체가 건강한 눈 조절에 역할을 한다고 생각합니다.

그리고 TV 시청은 우리의 몸과 마음의 긴장을 풀고 휴식을 취할 좋은 방법으로 여겨지지만, 항상 그렇지는 않다고 하네요. 집 안에 틀어박혀 움직이지 않는 생활 습관이 비만의 주범으로 여겨질 뿐만 아니라 TV를 덜 보는 사람들은 더 많은 열량을 소모합니다.—신체 활동을 활발히 하지 않더라도 말이지요! TV를 보는 대신 독서나 보드게임 같은 두뇌를 쓰는 활동을 한다든가 간단한 집안일을 하는 것만으로도 더 많은 에너지를 소모하고 더 많은 열량을 태운다고 하네요. 그러니까 이 책을 읽고 있는 것만으로도 여러분은 벌써 건강한 삶의 길로 나아가고 있는 셈입니다!

그리고 정말로 휴식을 취하고 싶다면 자기 전 TV를 보는 것은 매우 좋지 않은 습관입니다. 많은 연구 결과 취침 전 TV 시청은 양질의 수면 시간을 줄여서 만성 수면 부족에 시달리게 하는 것으로 나타났습니다. TV 시청은 또 다른 야간 활동에도 영향을 줄 수 있습니다. 일주일에 24시간 이상 TV를 보는 남성들에서 정자 수가 평균 44퍼센트 정도 감소한 것으로 보고되었거든요.

그러나 무엇보다 중요한 발견은 TV 시청이 수명에 직접적인 영향을 준다는 사실입니다! TV 시청 시간과 당뇨병, 심장병 발병 사이에 직접적인 상관관계가 있다는 연구 결과는 잘 알려졌습니다. 그런데 더욱 놀랍게도 TV 시청과 모든 종류의 사망 원인이 상관관계가 있다는 것이 여러 연구 결과들에서 확인되었습니다. 한 연구는 TV 앞에서 보내는 1시간이 우리 수명의 24분을 단축한다고 결론 내렸습니다.

물론 상관관계가 그대로 인과 관계를 반영하지는 않습니다. 여러분이 절제하면서 적당히 TV를 본다면 얼마든지 TV와 건강한 관계를 맺을 수 있겠죠. 이 모든 발견들의 바탕에는 길어진 TV 시청 시간만큼 감소된 신체 활동이 인체에 해를 불러온다는 사실이 자리 잡고 있습니다. 결국 많이 움직일수록 오래 삽니다!

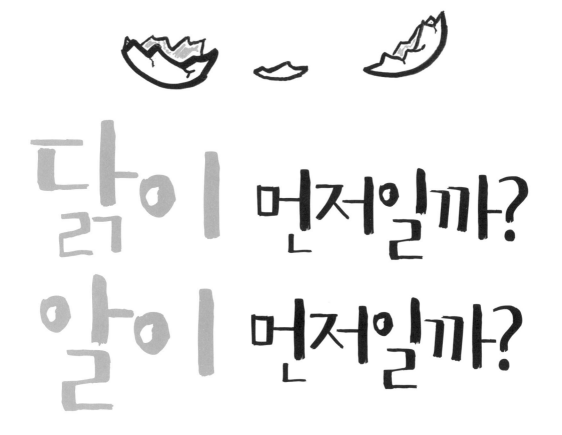

닭이 먼저일까?
알이 먼저일까?

이것은 멀리는 고대 그리스 시대부터 21세기인 오늘에 이르는 내내
인류를 괴롭혀 온 질문입니다. 지금도 우리는 궁금해 합니다.
대체 무엇이 먼저일까요? 닭일까요? 알일까요?

질문을 글자 그대로 해석한다면 답은 간단합니다.
알을 낳는 동물은 3억 4000만 년 전부터 존재했습니다. 닭이
나타나기 훨씬 전이죠. 그러니까 엄밀히 말하면 알이
닭보다 먼저 나타났습니다.

그러나 이 질문을 '닭이 먼저냐,
달걀이 먼저냐?'로 살짝 고쳐 보면
순환적인 인과 관계에 좀 더 초점을
맞출 수 있게 됩니다. 다시 말해서,
만일 닭이 달걀에서 나온다면
달걀은 어디에서 올까? 다른 닭에서
나오지요. 그 닭은 또 달걀에서
나왔을 테고요. 그러니 대체 둘 중
어느 쪽이 먼저일까요?

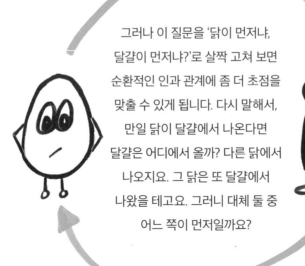

닭팀

먼저 닭 쪽의 주장을 들어 봅시다. 연구자들은 달걀을 만드는 데 꼭 필요한 OV-17이라는 단백질이 오직 닭의 난소에만 존재한다는 점을 지적했습니다. 이 단백질이 없으면 달걀 껍데기가 만들어지지 않습니다. 그러니까 닭이 없으면 달걀도 없다는 얘기죠.

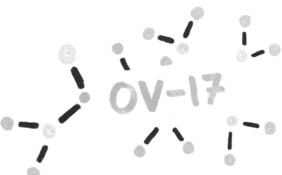

그러나 이것은 '달걀'의 정의와 본질에 달려 있습니다. 자, 여러분, 달걀은 닭이 낳은 알입니까? 아니면 닭(병아리)이 들어 있는 알입니까? 물론 OV-17을 갖고 있는 닭도 어디에선가 나와야겠지요. 그런데 만일 코끼리가 알을 낳았는데 그 알에서 사자가 나왔다면 그 알은 코끼리 알일까요? 사자 알일까요?

달걀 팀

이런 질문은 우리를 이야기의 다른 쪽으로 이끕니다. 달걀 팀의 주장이죠. 생식 과정에서 양쪽 부모는 DNA라는 형태로 자신의 유전 정보를 후손에 전달합니다.

이때 부모의 DNA는 100퍼센트 정확하게 복제되지 않고 살짝 변화가 일어난 채로 새로운 생명체에 전달됩니다. 이처럼 DNA에 일어난 작은 돌연변이가 수천 세대에 걸쳐 축적되면서 새로운 종이 탄생합니다. 그런데 이 유전적 돌연변이는 반드시 접합체(zygote), 즉 수정된 최초의 세포인 수정란에 일어나야 합니다.

닭과 매우 비슷한 동물이 있다고 해 봅시다. 원시 닭(protochicken)이라고 불러 보죠. 원시 닭은 또 다른 원시 닭과 짝짓기를 했겠죠. 이때 작은 돌연변이가 생기는 바람에 최초의 닭이 생겼습니다. 그 닭은 물론 알에서 태어났고요.

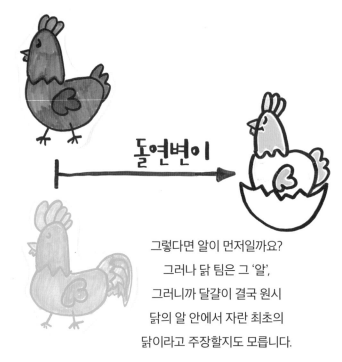

돌연변이

그렇다면 알이 먼저일까요? 그러나 닭 팀은 그 '알', 그러니까 달걀이 결국 원시 닭의 알 안에서 자란 최초의 닭이라고 주장할지도 모릅니다.

돌연변이가 한 번 일어났다고 해서 새로운 종이 출현하지는
않습니다. 우리 인간들은 모든 생물체를 제각기 다른 집단으로 분류해서
각각 다른 이름을 붙여 주고 싶어 합니다. 하지만 그것은 현재의
모습에 근거한 것이지 수백만 년 전을 기준으로 삼지는 않습니다.
진화라는 과정은 매우 점진적이기 때문에 과거에 원시 닭에서
한 마리의 닭이 태어난 것을 두고 새로운 종이 등장한 것이라 볼 수는
없습니다. 늑대에서 개가 진화되어 온 과정과 비슷합니다. 인간이
늑대와 상호 작용을 하고 늑대를 길들여 온 과정에서 늑대로부터
개가 태어난 어느 한 지점을 콕 집어 가리킬 수는 없습니다.

더 정확하게 말하면, 특정한 형질들이 선택 압력(selective pressure)을 받은 결과로 나타나게 된 것입니다. 예를 들어 인간을 무서워하지 않는 늑대나 덜 공격적인 늑대를 골라서 기르다 보니 수많은 세대가 지나자 원래의 늑대와는 크게 다른 유전적, 행동적 특징을 가진 동물이 등장한 것이지요.

자, 그렇다면 우리는 두 가지 시나리오를 생각해 볼 수 있습니다.

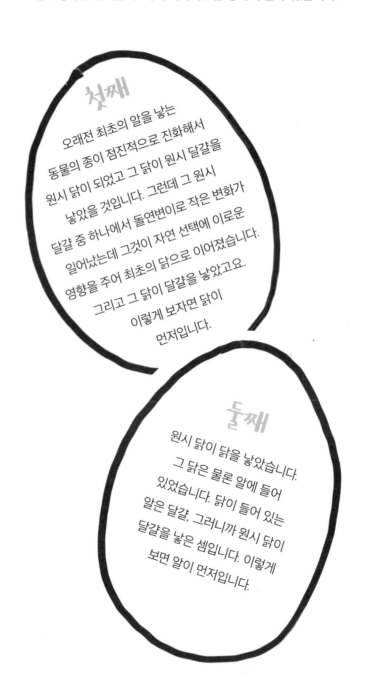

첫째

오래전 최초의 알을 낳는 동물의 종이 점진적으로 진화해서 원시 닭이 되었고 그 닭이 원시 달걀을 낳았을 것입니다. 그런데 그 원시 달걀 중 하나에서 돌연변이로 작은 변화가 일어났는데 그것이 자연 선택에 이로운 영향을 주어 최초의 닭으로 이어졌습니다. 그리고 그 닭이 달걀을 낳았고요. 이렇게 보자면 닭이 먼저입니다.

둘째

원시 닭이 닭을 낳았습니다. 그 닭은 물론 알에 들어 있었습니다. 닭이 들어 있는 알은 달걀, 그러니까 원시 닭이 달걀을 낳은 셈입니다. 이렇게 보면 알이 먼저입니다.

결국 우리는 또다시 달걀을 무엇이라 정의하느냐 하는 '이름 붙이기'
문제로 되돌아 왔습니다. 이건 사실 의미 없는 말장난에 지나지 않습니다.
그러나 마지막으로 우리 모두가 동의할 수 있는 한 가지는, 달걀이든
원시 달걀이든 진정한 최초의 닭은 알에서 나왔다는 것입니다.

그렇다면 알이 먼저네요!

몸으로

말하기

이 방귀는 냄새가 나지 않을지도 모릅니다. 하지만 확실히 뭔가 구린내가 납니다. 여러분은 가끔 몇 초씩 뇌가 작동을 멈춘 것 같거나 정상적인 사람처럼 말하는 법을 잊어버린 듯이 느껴질 때가 있지 않나요? 그건 여러분 뇌가 방귀를 뀌었기 때문입니다! 실제로 뇌에서는 무슨 일이 일어난 것일까요?

과학자들은 이러한 현상을 가리켜 '부적응적 뇌 활동 변화'라 부릅니다.
네, 그렇습니다. 과학자들도 이 수수께끼 같은 현상을 이해하기 위해
시간과 노력을 들였습니다.

부적응적 뇌 활동

반복적인 작업을 수행하는 사람의 뇌 활동을 관찰하던 연구자들은 놀라운
사실을 알아차렸습니다. 뇌가 엉뚱한 실수를 저지르기 30초 전에 비정상적인
뇌 활동이 일어나는 걸 포착한 것이죠.

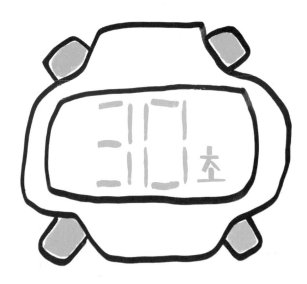

놀라운 발견이었습니다. 왜냐하면 많은 사람들이 단순히 일시적인 집중력
결핍으로 이 같은 실수가 생겨난다고 생각했거든요.

그런데 자그마치 30초 전에 뇌에서 휴식을 담당하는 부위가 활성화되고
반면 현재 수행하고 있는 작업을 유지하는 데 관여하는 부위는 차단되기 시작합니다.

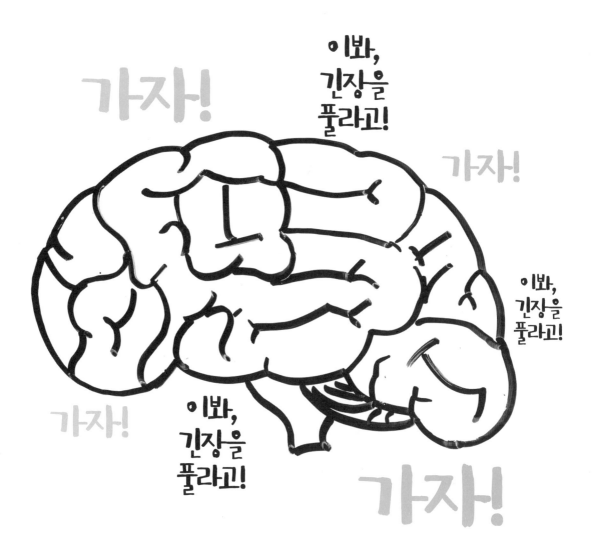

하지만 우리가 실수를 눈치 채면 뇌는 열심히 가동을 시작해서 정상 상태로
되돌아갑니다. 이런 종류의 실수는 반복적인 행위나 지나치게 익숙한 활동을
할 때 일어납니다. 과학자들은 이것이 뇌가 일을 하는 동안 좀 더 편안한 상태에
들어감으로써 에너지를 절약하려는 시도라고 생각합니다. 그런데 이따금씩
지나치게 휴식을 취하는 탓에 실수를 벌이게 되는 것이지요.

흥미롭게도 많은 과학자들이 (백일몽을 꾸는 것과 같이) 내면에 집중하는 사고가 우리 뇌의 기본 상태라고 주장합니다. 뇌가 다른 작업을 수행하기 위해서는 백일몽 상태를 억제하고 그 작업에 집중해야만 합니다. 그래서 뇌가 익숙하다고 여기는 활동을 할 때—설거지를 하다든지 편안한 상태로 누군가와 대화를 한다든지—뇌는 기본 설정인 백일몽 상태로 되돌아가고 우리는 실수를 저지르는 것이죠. 접시를 엉뚱한 곳에 놓거나 방금 하던 말을 완전히 까먹거나 하는 식으로 말입니다.

그러나 걱정 마세요.
이것은 우리 대부분이 경험했고
앞으로도 계속 경험할 완전히 정상적인 삶의
일부니까요. 진짜 방귀와 마찬가지로
뇌 방귀 역시 달갑게 받아들이는 법을
배우는 수밖에 없어요!

입 냄새의 과학

마늘이 잔뜩 들어간 음식을 먹고 난 후든, 아침에 눈을 떠 밤새 봉인되었던 입을
처음 여는 순간이든, 우리는 모두 향긋하지 못한 입 냄새를 풍기는 순간을
피해 갈 수 없습니다. 그런데 이 고약한 냄새는 어떻게 생겨날까요?
그리고 왜 어떤 사람들은 다른 사람들보다 심한 냄새를 풍기는 것일까요?
더 중요한 질문으로, 어떻게 하면 이 지독한 악취를 없앨 수 있을까요?

고약한 입 냄새는 남녀노소를 가리지 않고 흔히 나타나는 증상입니다.
어느 시점에서건 인구의 거의 50퍼센트가 이 증상에 시달리지요. 한편, 만성적인 입 냄새로
고통 받는 사람은 전체의 20퍼센트에 이릅니다. '구취증(halitosis)'이라고도 하지요.
여러분도 구취증을 앓고 있는 것 같다고요? 잠깐, 너무 성급하게 결론 내리지 마세요.
자신이 구취증에 시달리고 있다고 믿는 사람 중 대부분은 실제로는 '구취 공포증(halitophobia)'에
걸린 겁니다. 고약한 입 냄새를 두려워하는 증상을 말합니다.

대부분의 경우 불쾌한 입 냄새는
우리의 오랜 친구인 박테리아
때문입니다.

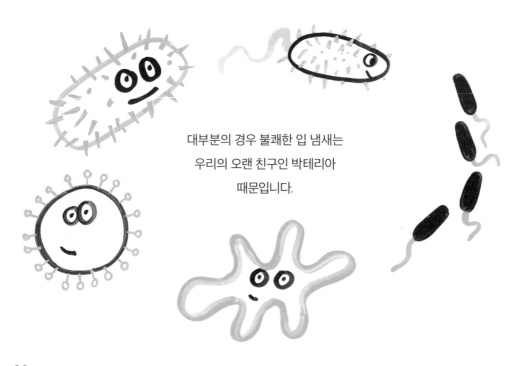

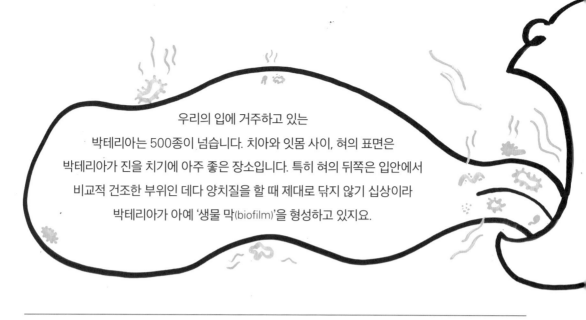

우리의 입에 거주하고 있는
박테리아는 500종이 넘습니다. 치아와 잇몸 사이, 혀의 표면은
박테리아가 진을 치기에 아주 좋은 장소입니다. 특히 혀의 뒤쪽은 입안에서
비교적 건조한 부위인 데다 양치질을 할 때 제대로 닦지 않기 십상이라
박테리아가 아예 '생물 막(biofilm)'을 형성하고 있지요.

박테리아는 입안의 음식 찌꺼기를
분해해서 휘발성 황 화합물을 만들어 냅니다.
이 물질이 바로 썩은 달걀과 같은 냄새를
내는 주범입니다.

우유나 다른 음식들을 오래 내버려
두었을 때처럼 박테리아는 단백질을
분해하기 시작하고 그 과정에서 시큼하고
불쾌한 냄새를 풍깁니다.

역겹게 느껴질지 모르지만
이것은 박테리아가 우리 장에서 음식물을
분해할 때 방출하는 것과 같은 물질입니다.
그 기체는 결국 방귀로 나오죠. 그러니까
여러분이 고약한 입 냄새를 풍길 때 실은 입으로
방귀를 뀌는 것과 마찬가지랍니다!

물론 다른 무엇보다 박테리아의
성장을 촉진하는 음식들이 있습니다.
유제품, 고기, 생선처럼 단백질이
풍부한 음식은 휘발성 황 화합물을
많이 생성합니다.

담배나 술은 입을 마르게 해서
박테리아가 맘껏 증식하기에
이상적인 환경을 만듭니다.

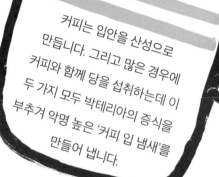

커피는 입안을 산성으로
만듭니다. 그리고 많은 경우에
커피와 함께 당을 섭취하는데 이
두 가지 모두 박테리아의 증식을
부추겨 악명 높은 '커피 입 냄새'를
만들어 냅니다.

이런 대부분의 입 냄새는 적절한 구강 청결과
수분 공급으로 관리할 수 있습니다. 하지만 양파나
마늘과 같이 그 자체로 황을 함유한 식품들은
황 화합물이 혈액으로 들어갑니다. 그리고는 폐와
피부 모공을 거쳐 방출이 되는 것이지요.

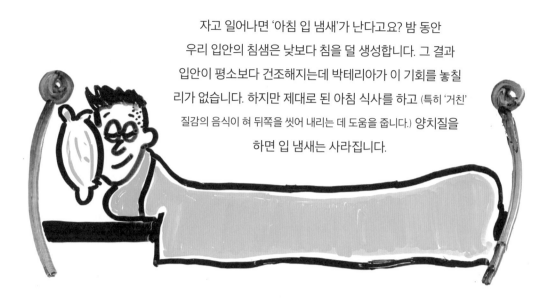

자고 일어나면 '아침 입 냄새'가 난다고요? 밤 동안 우리 입안의 침샘은 낮보다 침을 덜 생성합니다. 그 결과 입안이 평소보다 건조해지는데 박테리아가 이 기회를 놓칠 리가 없습니다. 하지만 제대로 된 아침 식사를 하고 (특히 '거친' 질감의 음식이 혀 뒤쪽을 씻어 내리는 데 도움을 줍니다.) 양치질을 하면 입 냄새는 사라집니다.

만일 여러분이 '구취증'을 앓고 있다면 용기를 내십시오. 구취증은 꼼꼼하고 규칙적인 구강 위생 관리로 없앨 수 있습니다. 이를 닦을 때 혀도 같이 닦으세요. 치실을 사용하고 정기적으로 치과를 찾으세요. 그러면 여러분도 곧 상쾌한 입 냄새를 유지할 수 있습니다!

콧물이 우리를 구원하리니!

누가 옆에서 코를 풀거나 콧구멍을 후비는 모습을 보면 기분이 좋지 않지요.
심지어 혐오스럽기까지 합니다. 하지만 콧물이 그렇게 눈살 찌푸리게
할 만한 것일까요? 사실은 콧물이 우리의 목숨을 구할 수도 있으며 혐오가
아니라 존경의 대상이 되어야 한다고 주장한다면 어떨까요?

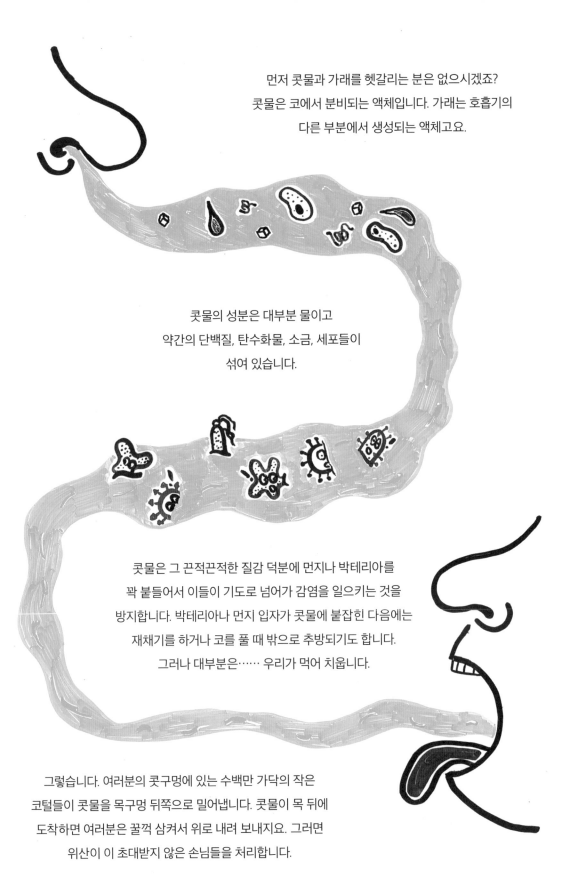

먼저 콧물과 가래를 헷갈리는 분은 없으시겠죠?
콧물은 코에서 분비되는 액체입니다. 가래는 호흡기의
다른 부분에서 생성되는 액체고요.

콧물의 성분은 대부분 물이고
약간의 단백질, 탄수화물, 소금, 세포들이
섞여 있습니다.

콧물은 그 끈적끈적한 질감 덕분에 먼지나 박테리아를
꽉 붙들어서 이들이 기도로 넘어가 감염을 일으키는 것을
방지합니다. 박테리아나 먼지 입자가 콧물에 붙잡힌 다음에는
재채기를 하거나 코를 풀 때 밖으로 추방되기도 합니다.
그러나 대부분은…… 우리가 먹어 치웁니다.

그렇습니다. 여러분의 콧구멍에 있는 수백만 가닥의 작은
코털들이 콧물을 목구멍 뒤쪽으로 밀어냅니다. 콧물이 목 뒤에
도착하면 여러분은 꿀꺽 삼켜서 위로 내려 보내지요. 그러면
위산이 이 초대받지 않은 손님들을 처리합니다.

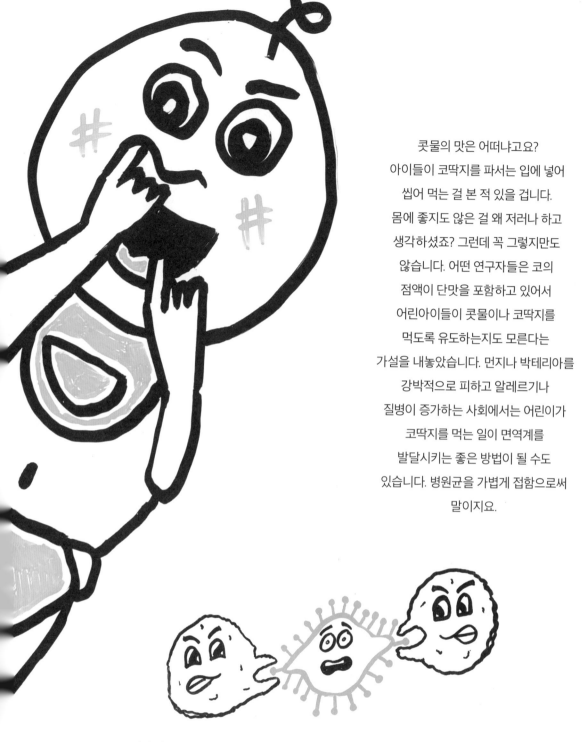

콧물의 맛은 어떠냐고요?
아이들이 코딱지를 파서는 입에 넣어
씹어 먹는 걸 본 적 있을 겁니다.
몸에 좋지도 않은 걸 왜 저러나 하고
생각하셨죠? 그런데 꼭 그렇지만도
않습니다. 어떤 연구자들은 코의
점액이 단맛을 포함하고 있어서
어린아이들이 콧물이나 코딱지를
먹도록 유도하는지도 모른다는
가설을 내놓았습니다. 먼지나 박테리아를
강박적으로 피하고 알레르기나
질병이 증가하는 사회에서는 어린이가
코딱지를 먹는 일이 면역계를
발달시키는 좋은 방법이 될 수도
있습니다. 병원균을 가볍게 접함으로써
말이지요.

건강한 코는 하루에 반 리터가량의 콧물을 생산합니다. 그런데 감기에 걸리면
감염된 바이러스가 점막으로 이동해 증식합니다. 그에 대한 우리 몸의 면역 반응으로 점막 세포에
염증이 생깁니다. 그러면 코에 혈액이 더 많이 공급되고 점막 세포에서는 액체가 더 많이 분비됩니다.
그 결과 콧물이 줄줄 흐르게 되죠. 동시에 우리 몸은 백혈구를 출동시켜 치명적 화학 물질로
바이러스를 공격하거나 바이러스를 통째로 잡아먹습니다.

콧물 속에는 박테리아를 직접 죽이는 살균 효소와 더불어 뮤신(mucin)이라는 단백질이 풍부하게 들어 있습니다. 뮤신은 박테리아의 성장을 억제하는 효과가 있습니다.

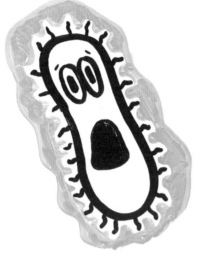

뮤신 분자는 **빽빽하게** 당으로 뒤덮여 있습니다. 그 덕에 수분을 가두어 마치 젤(gel)처럼 걸쭉한 상태가 됩니다. 박테리아가 이리저리 돌아다니면서 끼리끼리 뭉치는 것을 막아 주죠. 박테리아 세포들을 제각기 떼어 놓아서 녀석들이 함께 힘을 합치지 못하게 하는 것입니다. 과학자들이 뮤신을 자세히 연구하면서 치약이나, 심지어는 박테리아가 쉽게 번식하는 병원 실내 표면에 뮤신을 사용할 수 있는 가능성을 발견했습니다.

콧물이 무슨 색인지 유심히 본 적 있나요? 콧물 색은 많은 단서를 품고 있답니다. 콧물에 피가 살짝 섞여 있다는 것은 코를 너무 많이 문지르거나, 풀거나, 후볐다는 뜻입니다. 콧물이 녹색을 띤다면 대개 바이러스나 박테리아에 감염되었기 때문입니다. 녹색은 면역 반응의 일부입니다. 콧물 속 효소에 담긴 철이 내는 색이지요. 고추냉이(와사비)에서 녹색을 내는 것과 똑같은 효소입니다. 일본 음식에 많이 사용되는 와사비는 회 등 날것으로 쓰는 식재료의 오염을 방지하는 효과가 있습니다.

한편 맑은 콧물은 대체로 코가 건강한 상태임을 말해 줍니다.

이제 우리의 끈적한 친구 콧물에게 감사를 표시하며 손가락을 들어 올려 주세요. 그 모든 비난에도 언제나 우리를 지켜 주고 있으니까요.

딸꾹질을 멈추게 하는 방법들은 진짜로 효과가 있을까?

"물 한 컵을 단숨에 마셔. 그럼 딸꾹질이 딱 멈출 거야." "숨을 참고 1부터 10까지 천천히 세어 봐." "레몬을 한 입 깨물어." 딸꾹질을 할 때 주위 사람들이 권해 주는 방법들입니다. 하지만 결국에는 딸꾹질이 저절로 멈출 때까지 기다렸던 경험이 더 많을 겁니다. 과연 딸꾹질은 무엇일까요? 그리고 딸꾹질을 확실히 멈추게 할 방법이 정말로 있기는 할까요?

딸꾹질은 우리 몸의 횡격막과 직접적으로 관련되어 있습니다.
횡격막이란 갈비뼈 바로 아래에 가로로 뻗어 있는 근육으로
우리 호흡에서 중심적인 역할을 합니다.

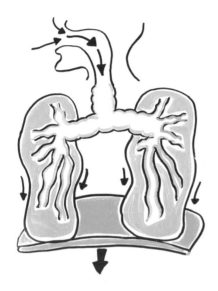

우리가 숨을 들이마실 때면
횡격막이 수축하면서 아래로 내려갑니다.
그러면 폐가 들어 있는 공간이
넓어지면서 폐가 확장합니다.

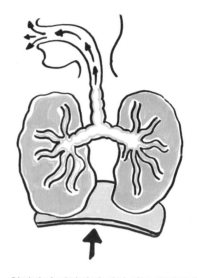

횡격막이 이완하면 다시 위로 올라가면서
폐를 수축시킵니다. 그리고 숨을 내쉬게
됩니다. 이런 운동은 우리의 의식적 노력 없이
밤낮으로 이루어집니다. 그런데 이따금
이 반복적이고 자동적인 운동 시스템이
궤도를 이탈하는 때가 있습니다. 바로 그때
딸꾹질이 나오는 것입니다!

딸꾹질은 간단히 말해서 횡격막의 불수의적 떨림입니다. 이 떨림이 근육을 수축시키고 성대를
막아서 갑자기 숨을 휙 삼키는 듯한 '딸꾹' 소리를 냅니다. 딸꾹질을 한 번만 하는 경우도
있지만 대개 일단 시작하면 연속으로 얼마 동안 계속해서 딸꾹질이 나지요. 우리는 1분당
4회에서 60회까지 다양한 빈도로, 규칙적인 리듬을 타면서 딸꾹거립니다.

대체 딸꾹질은 왜 하는 걸까요? 신경 세포들이 우리 몸과 뇌 사이에서 신호를
전달합니다. 그런데 이따금씩 그 신호 경로에 혼선이 생기기도 합니다.
이처럼 신호에 혼란이 생겨서 자동적이고 규칙적인 호흡 활동이 불규칙해지는
것이 바로 딸꾹질이에요. 그러나 그 혼란이 정확히 어디에서 비롯되는 것인지는
밝혀지지 않았습니다.

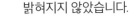

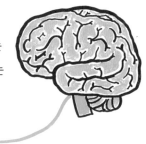

딸꾹질은 다양한 요소로 인해
발생할 수 있는데 탄산이 들어간
음료나 술을 마실 때, 특히
기름지거나 매운 음식을 먹을 때
흔히 나타납니다.

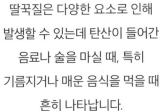

맵거나 기름진 음식은 뇌와
횡격막의 신경을 혼란에 빠뜨려
딸꾹질을 일으킵니다.

도대체 방법이 뭐냐고?

그렇다면 딸꾹질을 멈추게 할 비법이 정말로 있을까요? 사람들이 제안하는 수많은 방법 중에 과학적으로 연구되거나 실험으로 증명된 것은 없습니다. 단 한 가지 방법만 빼고요. 그 방법이 뭐냐고요? 아마 그리 좋아하지는 않을 겁니다.

이 방법의 효과는 두 가지 서로 다른 연구에서 증명되었어요. 연구자들이 직장(直腸)을 마사지해 주자 30초 안에 딸꾹질이 멎었다고 보고했습니다. 네, 바로 그렇습니다. 손가락을 항문에 집어넣어 주변을 어루만져 주는 것이죠. 아마도 마사지가 딸꾹질에 관여하는 신경을 자극해서 호흡의 리듬을 제자리로 돌려놓은 것이 아닌가 추측됩니다. 당연한 얘기겠지만 보고된 두 사례에서 모두 환자들은 정상적이고 일시적인 딸꾹질이 아니라 장기간 계속된 끈질긴 딸꾹질에 시달리고 있었습니다. 어쨌든 두 연구가 제각기 같은 결론에 도달한 만큼 결론에는 상당히 무게가 실립니다. 한편 비록 실험으로 입증되지는 않았지만 오르가슴 역시 같은 신경을 자극한다고 합니다. 음, 그 편이 직장 마사지보다 낫겠다고요? 자기 몸이니까 알아서들 결정하시길!

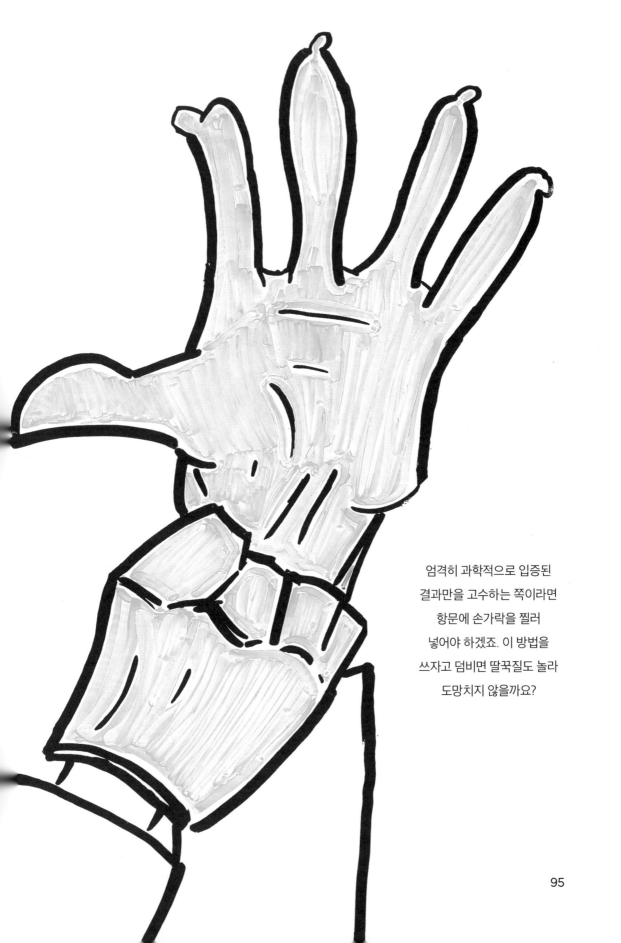

엄격히 과학적으로 입증된
결과만을 고수하는 쪽이라면
항문에 손가락을 찔러
넣어야 하겠죠. 이 방법을
쓰자고 덤비면 딸꾹질도 놀라
도망치지 않을까요?

근육과 근력의 과학적 비밀

많은 사람들이 근육과 근력 키우기에 관심을 보입니다. 힘이 더 세지고 싶어서든, 더 건강해지고 싶어서든, 슈퍼맨처럼 보이고 싶어서든 말이죠. 그리고 시중에는 근육과 근력을 발달시키기 위한 전략과 운동법이 엄청나게 많이 나와 있습니다. 그런데 만일 근육 발달이 우리가 마음대로 할 수 있는 영역이 아니며 유전자에 의해 전적으로 결정된다는 얘기를 들으면 어떤 기분이 들까요? 반대로 초인적 힘을 갖게 해 줄 비법이 존재한다고 한다면?

우리가 키울 수 있는 근육의 크기에는 한계가 있다는 것이 진실입니다.
이 얘기를 들으면 여러분은 "당연한 거 아냐?"라는 반응을 보일지
모르겠군요. 그런데 근육이 미오스타틴(myostatin)이라는 단백질의
엄격한 통제를 받고 있다는 사실도 알고 있었나요? 이 단백질은
근육이 정확히 얼마까지 커질 수 있을지를 결정합니다.

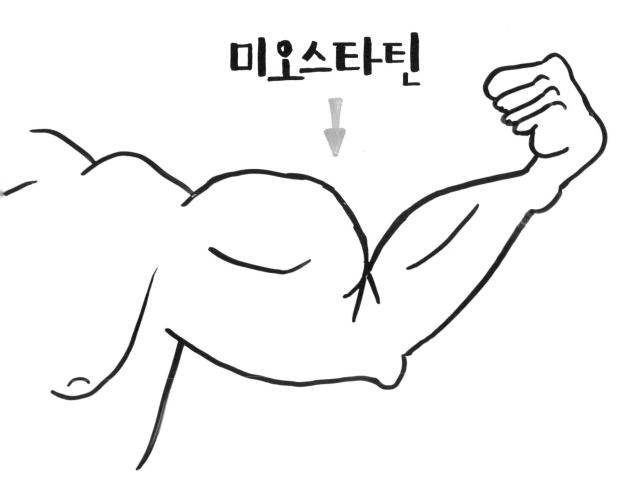

그리고 그 한계는 사람마다 다릅니다. 사람들마다 미오스타틴의 양이
다르기 때문이죠. 근육이 정해진 한계치까지 성장하면 미오스타틴이
더 이상 성장하는 것을 막습니다. 그런데 만일 미오스타틴의 양 자체가
적거나 아예 없다면 근육 크기의 한계가 갑자기 사라져 버리는 셈입니다.

이 현상은 벨기에
푸른 소(Belgian Blue
Cattle)에서 처음으로
발견되었습니다.

보통 소보다 두 배에서 세 배가량 더 근육양이 많은 이 소들은 미오스타틴을 만드는
GDF-8이라는 유전자가 결핍되어 있는 것으로 나타났습니다. 그 결과 운동을 더
하거나 특별한 사료를 먹지 않는데도 자라나면서 근육이 엄청나게 발달합니다. 이와
비슷한 사례가 개, 생쥐, 심지어 GDF-8 유전자가 결핍된 유아에서도 보고되었습니다.

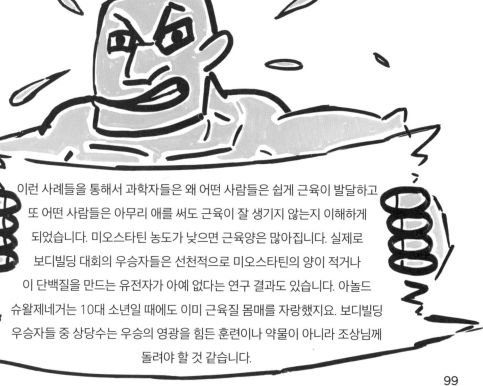

이런 사례들을 통해서 과학자들은 왜 어떤 사람들은 쉽게 근육이 발달하고
또 어떤 사람들은 아무리 애를 써도 근육이 잘 생기지 않는지 이해하게
되었습니다. 미오스타틴 농도가 낮으면 근육양은 많아집니다. 실제로
보디빌딩 대회의 우승자들은 선천적으로 미오스타틴의 양이 적거나
이 단백질을 만드는 유전자가 아예 없다는 연구 결과도 있습니다. 아놀드
슈왈제네거는 10대 소년일 때에도 이미 근육질 몸매를 자랑했지요. 보디빌딩
우승자들 중 상당수는 우승의 영광을 힘든 훈련이나 약물이 아니라 조상님께
돌려야 할 것 같습니다.

결국 미오스타틴을 고갈시키거나
억제하는 약물을 개발하는 것도
가능하겠지요.

그러나 이런 약물은 양날의
검이 될 수 있습니다.

근육위축증 환자나 노화로 인해 근육이 소실되는 노인은 이 약을 통해 근육을 재생하고 보충할
수 있습니다. 한편 이 약이 운동선수들의 기능 향상을 위해 남용될 가능성도 매우 큽니다.
하지만 영화에 나오는 헐크를 실제로 볼 수 있을 거라는 전망은 흥미진진하지요? 더구나
선천적으로 미오스타틴 수준이 낮게 태어난 사람들 역시 운동경기나 보디빌딩 시합 등에서
부당한 이익을 보는 것이라 할 수 있지 않을까요? 까다로운 문제입니다.

어쨌든 근육을 무한정
키워 준다는 약을 파는 사람들은 일단 조심하시기
바랍니다. 효능이 입증되지 않았고 규제도
받지 않은 약이니까요.

여러분이 타고난 미오스타틴 수준이 낮든 높든,
가장 중요한 것은 그것이 바로 여러분의 신체 및 대사 효율에
가장 적합한 수준이라는 것입니다. 적절한 운동과 전반적인 건강
관리를 통해 여러분은 자신만의 생리적 정점에 도달할 수 있습니다.
비록 슈퍼맨과 같은 강펀치의 소유자가 될 수는 없을지 모르지만
지속적인 훈련과 운동으로 자신의 한계를 밀어붙일 수 있습니다.

내 몸의 미오스타틴 양이 어느 정도인지 궁금하다고요?
알아낼 방법이 여기 있습니다. 운동을 시작하세요!

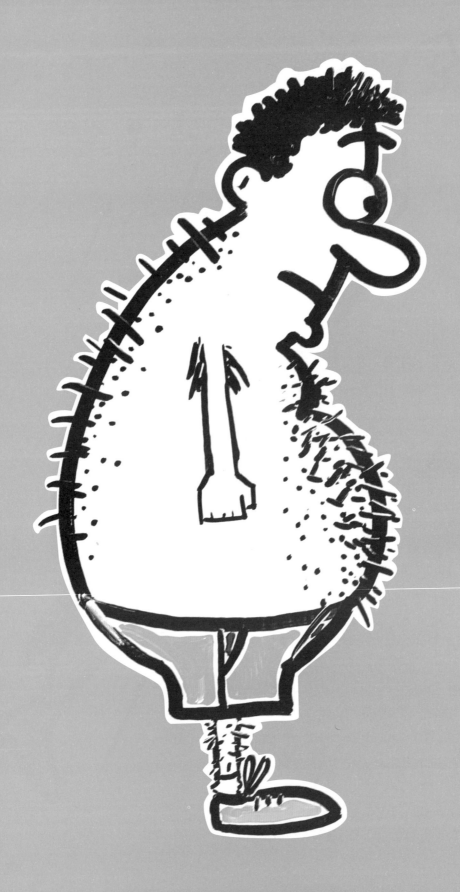

왜 남자들은 털이 많을까?

머리털, 다리털, 그리고 겨드랑이 털. 인간의 몸은 털로 뒤덮여 있습니다.
우리 중 일부는 마땅치 않은 장소에 난 털을 제거하려고 시도하기도 하지요.
그러나 여전히 남자들이 여자들보다 몸에 털이 더 많은 것은 사실입니다.
그렇다면 우리 몸에 난 털은 대체 무슨 일을 하고, 왜 남자가 여자보다
털이 더 많은 것일까요?

우리 몸에 있는 모낭의 수는
우리의 영장류 친척들과 크게
다르지 않다고 합니다. 놀랍지
않나요?

물론 인간의 털은 훨씬 얇고
눈에 띄지 않기 때문에 털북숭이
유인원보다 털이 적어 보입니다.
인간은 진화 과정 중 어느 시점에
몸의 털이 더 얇아지는 쪽이
이익이 되었습니다. 왜 그럴까요?
우리 조상들이 더워진 기후
속에서 음식을 찾아 더 먼 곳으로
여행하기 시작하면서 무성한
털은 오히려 짐이 되기 시작했던
것으로 보입니다.

무더운 열기 속에서 활동량이 늘어남에 따라 몸의 털은 얇아지고
땀샘이 늘어나는 쪽이 생물학적으로 이로웠던 것이죠. 그렇게 되면
몸에서 열이 쉽게 빠져 나가서 시원해지니까요. 그러나 머리의 털은
그대로 남아서 뜨거운 햇빛으로부터 뇌를 보호했습니다.

인간이 유인원과 비슷한 개수의 모낭을 갖고 있듯 남자나 여자나
모낭 수의 차이는 거의 없습니다. 그런데 남성은 길고 두껍고
색이 짙은, 주로 머리털이나 음모와 비슷한, 경모(硬毛) 또는
종모(終毛)라고 하는 털을 더 많이 가지고 있습니다. 남자들의 경우
이런 털이 가슴, 등, 발가락, 귀, 그밖에 다양하고 기묘한 몸의
구석구석에서 자라납니다. 반면 여성은 주로 연모 또는 솜털이라고
하는 훨씬 얇고 눈에 잘 띄지 않는 털을 가지고 있답니다.

왜 이런 차이가 나타날까요? 아마도 진화 과정에서 성 선택이 작용하여 남자들의 털이 많아졌을 것입니다. 동물은 배우자를 선택할 때 겉으로 드러난 형질을 가지고 상대방의 적합도(fitness), 건강, 번식 능력 등을 판단합니다. 예를 들어 공작새의 수컷은 화려한 꼬리 깃털로 자신의 적합도를 자랑하며 암컷을 유혹하지요.

그와 비슷한 맥락으로 가슴에 난 덥수룩한 털은 남성의 건강을 나타내고 여성을 유혹하게끔 선택되었는지도 모릅니다. 한편 털이 적은 여성이 더 어리고 젊어 보여서 건강한 가임기임을 암시해 주기 때문에 남성이 더 선호했을 것이라는 이론도 있습니다.

최근 털이 많은 남자가 털이
별로 없는 남자보다 자신의
몸에 기생충(예를 들어
빈대와 같은)이 서식하는
것을 더 잘 알아챈다는
연구 결과가 나왔습니다.
그 결과는 털 많은 남자가
더 건강하고 기생충이 없을
가능성이 높기 때문에
여성들이 배우자감으로
선호했을 것이라는 이론으로
발전했습니다.

그런데 남자들 중에서도 털의
많고 적음은 인종이나 유전에 따라
다양합니다. 그리고 어떤 남자들은
털이 많은 것을 기뻐하며 자랑스럽게
기르고 한편 어떤 남자들은 애써 제거해
버리지요. 오늘날 털에 대한 선호도나
경향은 그럴듯한 진화적 압력을
생성하기에는 너무나 빠르게 변해
버리기 때문에 털을 면도기로
밀어 버리든지, 제모를 하든지,
뽑아 버리든지, 잔디 깎듯 원하는
디자인으로 가꾸어 보든지 여러분
마음대로 하셔도 좋습니다.

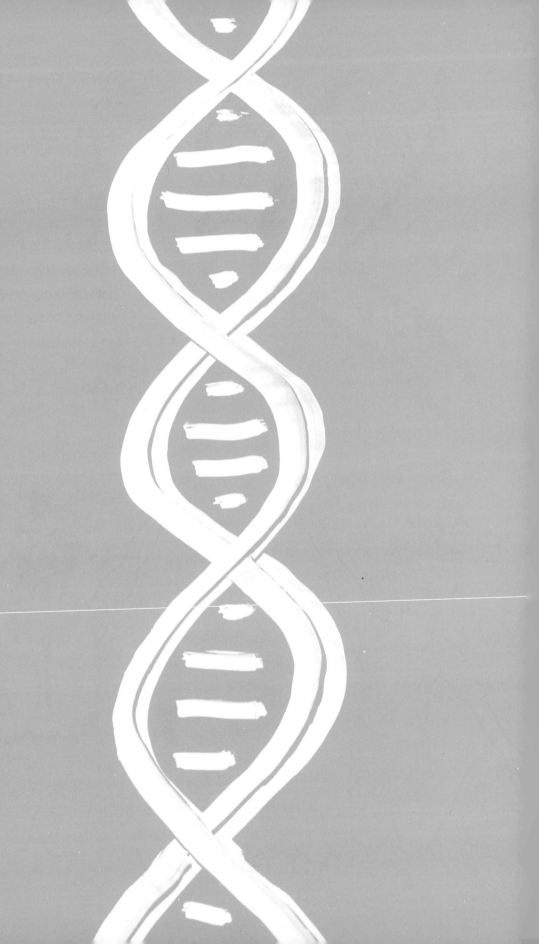

노화의 과학

많은 사람들이 '젊음의 샘물'을 찾아 나서고 있는 이 와중에 여러분은 생각할지 모릅니다. 애초에 우리는 왜 늙을까요? 우리의 몸과 세포를 늙게 하는 생물학적인 원인은 과연 무엇일까요?

식단, 운동, 환경의 스트레스
등 몸 안팎의 다양한
요인들이 세포의 손상과
복구에 관여하고 그로 인해
노화 속도에 영향을 줍니다.

우리는 죽게끔 프로그램되어 있습니다.

그런데 더욱 놀라운 사실은, 우리 유전자
속에 생물학적 시계가 들어 있다는 것입니다!
그리고 이 시계는 언젠가 멈추도록 예정되어
있습니다. 그러니까 결국 우리는 언젠가 죽도록
프로그램되어 있다는 말입니다.

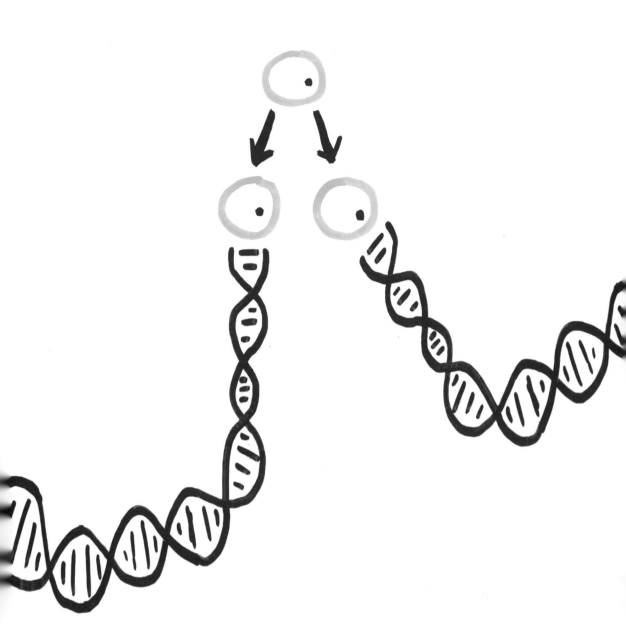

여러분의 몸은 수조 개의 세포로 이루어졌습니다.
이 세포들은 끊임없이 분열하며 증식합니다. 세포가
분열할 때마다 원래 세포를 복제해 새로운 DNA를
만들어 냅니다. 그리고 이 DNA 가닥들은 촘촘하게
뭉쳐서 염색체라는 구조를 이룹니다. 사람의 세포에는
23쌍의 염색체가 들어 있습니다.

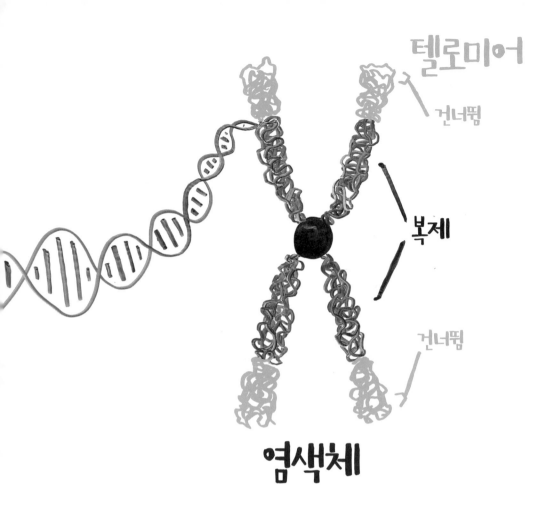

텔로미어

건너뜀

복제

건너뜀

염색체

문제는 DNA의 복제가 완벽하게 이루어지지 않고 각 염색체의 맨 끝부분에서 일부가 약간 생략된 채 넘어간다는 것입니다! 그래서 중요한 DNA의 유전 정보가 잘려 나가지 않도록 보호하기 위해서 염색체의 맨 끝에는 텔로미어(telomere)라는 부분이 붙어 있습니다. 이 텔로미어에는 의미 없는 DNA가 반복해서 존재하므로 없어져도 큰 지장이 없습니다.

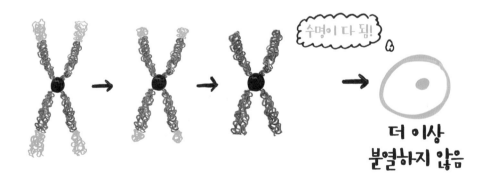

수명이 다 됨!

더 이상 분열하지 않음

그런데 세포가 분열할 때마다 이 텔로미어의 길이가 점점 짧아집니다. 언젠가는 완전히 잘려 나가 버리지요. 이 시점이 되면 세포는 더 이상 분열하지 않습니다.

편형동물 중 일부는 끊임없이 텔로미어를 재생시킬
수 있습니다. 그 결과 생물학적으로 불멸의 삶을 살
수 있지요. 하지만 수명이 제각각인데다 여전히 병에
걸릴 수는 있습니다. 이 사실 역시 노화가 유전적
요인과 환경 요인이 혼합된 결과임을 암시합니다.

왜 우리 세포들은 편형동물처럼
텔로미어를 재생시키지 못할까요?
궁극적으로 세포 복제의 한계는 암을
예방합니다. 암은 세포가 통제할 수 없이
성장과 분열을 거듭하고 죽지 않아서
생기는 병입니다.

세포가 더 이상 복제하지 않는 시점을 세포
노쇠기(cellular senescence)라 합니다. 인간의
경우 복제의 한계는 약 50회로 알려져 있습니다.

세포 노쇠기
인간 ≒ 50회

내
텔로미어는 왜
짧은가요?

아빠한테
물려받아서
그래.

일단 노쇠기에 이르면 세포는 점차
그 기능을 잃고 죽어 버립니다. 그 결과
노화와 관련된 변화들이 나타나지요.
이 사실은 또한 왜 수명이 부모로부터
물려받는 형질인지를 설명해 줍니다.
우리는 애초에 부모로부터 텔로미어의
길이를 물려받습니다.

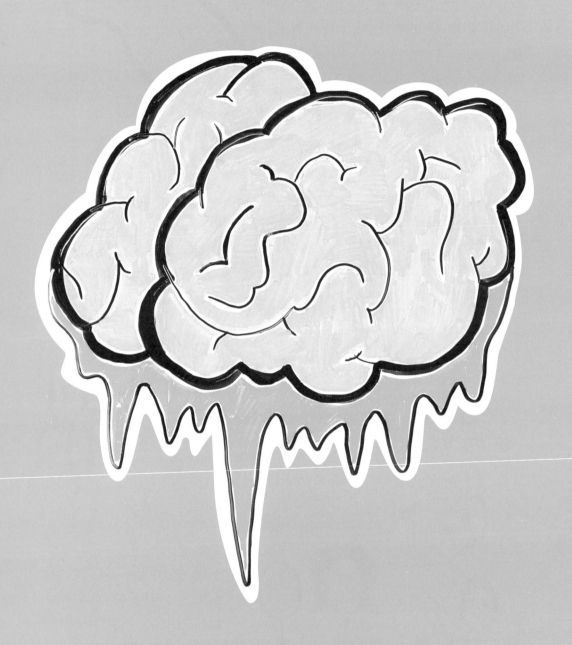

브레인 프리즈의 과학

날씨가 몹시 더울 때 시원한 음료나 아이스크림이 입안을 상쾌하게 만들어
줄 거라 예상하고 한 모금 넘겼는데 갑자기 머리가 찌르르 아파 오는 불쾌한 감정,
혹시 경험해 보셨나요? 영어로 이 현상을 뇌가 얼어붙는다는 의미에서
'브레인 프리즈(brain freeze)'라고 부른답니다. 도대체 왜 이런 일이 일어나는
걸까요? 우리 뇌에서는 무슨 일이 벌어지고 있을까요?

브레인 프리즈라고
부르는 이 두통은 대개
찬 물질이 입천장에
닿을 때 촉발됩니다. 약
20초 정도 지속되지요.
이것은 추운 곳에 있을
때와 마찬가지로 우리
몸의 가장 가느다란
혈관인 모세 혈관이 열을
보존하기 위해 수축하기
때문에 일어나는
현상입니다.

대부분의 모세 혈관이 우리 몸의 말단 부위에 존재합니다. 말단 부위의 모세 혈관은 날씨가 추워지면 수축함으로써 중요한 장기가 위치한 몸의 중심부로 온기와 혈액이 이동할 수 있도록 합니다.

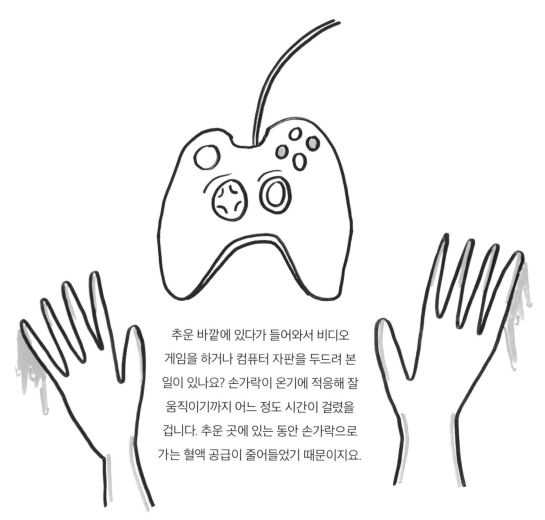

추운 바깥에 있다가 들어와서 비디오 게임을 하거나 컴퓨터 자판을 두드려 본 일이 있나요? 손가락이 온기에 적응해 잘 움직이기까지 어느 정도 시간이 걸렸을 겁니다. 추운 곳에 있는 동안 손가락으로 가는 혈액 공급이 줄어들었기 때문이지요.

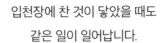

입천장에 찬 것이 닿았을 때도
같은 일이 일어납니다.

**모세 혈관
수축**

하지만 이 경우 모세 혈관의 수축 때문에 통증을 느끼는
것이 아닙니다. 통증의 원인은 뇌를 따뜻하게 유지하기 위해
피가 뇌로 더 많이 몰려가기 때문입니다.

우리 뇌는 두개골 안에 놓여 있기
때문에 피가 뇌에 너무 많이 몰리면
압력이 증가해서 머리가 아파집니다.
뇌는 우리 몸에서 가장 중요한 장기이고
그렇기 때문에 뇌를 보호하기 위해서
극도로 빠르게 혈관이 팽창하거나
수축하도록 발달해 왔습니다. 그래서
매우 찬 온도에 노출되면 몸의 바깥이든
안이든 즉각 반응하는 것이죠.

뇌의 팽창

**두개골
압박**

그런데 일단 차가운 물질이 입안에서
사라지면 입천장에 있는 모세 혈관이
즉각 팽창하게 되고 이것은 더 큰 통증을
일으킬 수 있습니다.

두통

이마 부위의 통증을 감지하는 신경이
입천장에도 감각 수용체를 갖고 있는데
이 신경이 모세 혈관의 확장을 감지하면 뇌에
통증 신호를 보냅니다. 주로 이마 쪽이 찌르르
아픈 이유가 바로 이것이지요.

과학자들은 일반적인 두통의 생리적 특성을 이해하기 위해 브레인 프리즈 현상을 연구해 왔습니다. 안타깝게도 실험실에서 두통이나 편두통을 일어나게 할 믿을만한(또는 윤리적인) 방법이 달리 없었기 때문입니다. 그래서 실험에 자원한 피험자들에게 차가운 음료를 마시게 해서 브레인 프리즈를 일으킨 다음 실시간으로 두통이 일어나는 양상을 관찰했습니다.

브레인 프리즈 현상을 과학적으로 이해함으로써 과학자들은 특별히 혈관을 수축시키거나 확장시키는 약물을 이용해서 두통이나 편두통을 통제하는 방법을 찾아내고 있습니다.

다음에 여러분이 좋아하는 아이스크림을 먹을 때 머리가 찌릿찌릿 아파서 즐거움을 망친다면 그 현상이 단순히 여러분의 몸과 뇌가 여러분을 보호하기 위해 마련한 장치라는 사실을 기억하세요. 감사한 마음으로 몸을 위해 아이스크림과 탄산음료 대신 채소를 먹는 것도 좋겠죠?

가상적

상황들

좀비가 세상을 멸망시킬까?

악마나 초자연적인 존재가 인간 사회를 파괴하는 이야기는 인류 역사에 가득합니다.
그렇다면 좀비는 어떨까요? 이 광폭한 괴물들이 실제로 존재할 가능성이
있을까요? 과학적으로 말이 될까요? 좀비가 불러올 대재앙에 우리는
대비를 해야 할까요?

자, 일단 우리가 어떤 종류의 좀비에 관해 이야기하느냐에 따라
다릅니다. 죽었다가 되살아나서 움직이는 좀비요? 그런 좀비라면
현실성이 없습니다. 사람들이 바이러스 감염으로 엄청나게
공격적이고 끊임없이 사람을 잡아먹으려는 욕구가 솟구치는
좀비 비슷한 괴물로 변하는 시나리오는 어떨까요? 이론적으로
가능한 얘기입니다. 만일, 예컨대 이런 증상을 일으키는 뇌의
특정 부위를 공격하면서 다른 부위는 건드리지 않는 바이러스가
발견된다면 현실에서도 충분히 일어날 수 있는 일입니다.

바이러스는 우리 몸에 들어가서 다양한 방법으로
세포에 영향을 줍니다. 하지만 지금은 뉴런에만
초점을 맞추도록 합시다. 뉴런은 우리 몸에서
가장 긴 세포에 속하고 우리 몸 곳곳으로 분자나
단백질을 운반할 수 있습니다.

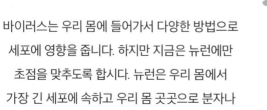

광견병 바이러스를 포함한
많은 바이러스가 역행성 축삭 수송(retrograde
axonal transport)이라는 방법을 이용해서 사람의
몸속에서 원하는 곳으로 이동합니다.
광견병 바이러스는 개에 물린 상처를 통해
사람의 몸으로 들어온 다음 천천히 뇌 또는
중추 신경계로 나아갑니다.

뇌에서 멀리 떨어진 부위를 물리면 그만큼 뇌까지
이동하는 데 시간이 더 오래 걸립니다. 어떤 경우엔
수년이 걸리기도 해요! 그러나 일단 뇌에
도착하면 이미 손을 쓸 수 없는 상태가 됩니다. 많은
바이러스가 이와 비슷한 과정을 밟는데 다만 어떤
뉴런을 선택적으로 이용하는지가 다를 뿐입니다.
좀비 바이러스가 뇌의 특정 부위에 영향을 주어
좀비 같은 증상을 일으키면서 뇌의 다른 부분에는
해를 입히지 않으려면 딱 그에 알맞은 뉴런을
선택해야겠지요. 그런 뉴런이 과연 있을까요?

우리 콧속에서 냄새를 맡는 데 쓰이는 후각 신경은 뇌의 부위 중
좀비와 같은 증상을 나타내는 데 관여하는 영역으로 직접 연결됩니다.
뇌의 다른 영역은 건드리지 않고요.

특히 이 신경은 포만감을 느끼게 하는 복내측 시상하부(ventromedial hypothalamus), 감정과 기억을 조절하는 편도, 문제 해결이나 장기적 계획, 도덕성, 충동 억제 등을 담당하는 전두엽 피질로 연결되어 있습니다.

그러니까 바이러스가 후각 신경을 통해 뇌의 특정 영역을 감염해 손상시킬 경우 밑도 끝도 없이 배가 고프고, 엄청나게 공격적이며, 뇌의 인지 기능이 망가져 친구도 가족도 알아보지 못하고 먹는 행위 말고는 자신의 행동을 전혀 통제하지 못하는 상태에 이를 수 있습니다. 이 정도면 좀비라고 할 만하겠죠?

그러니까 썩어 가는 시체가 벌떡 일어나 돌아다닌다든지 죽지 않고 계속해서 살아나는 불사의 좀비 이야기는 현실성이 없지만 특정 바이러스와 특정 신경이 딱 들어맞으면 일종의 좀비와 같은 상태가 나타나는 것은 가능합니다.

자, 준비되셨나요?

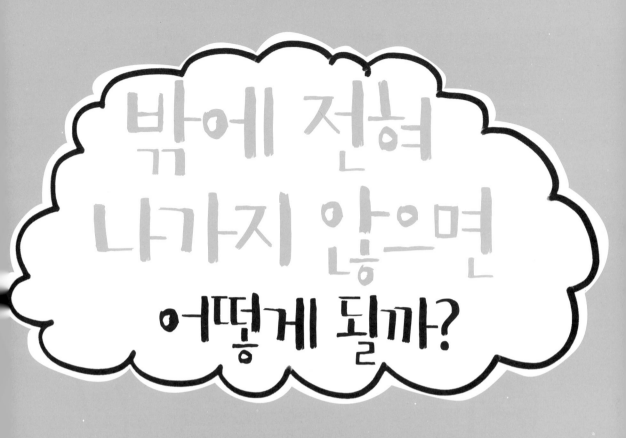

밖에 전혀 나가지 않으면 어떻게 될까?

자, 솔직해집시다. 우리 대부분은……
하루 종일 실내에서 지냅니다. 직장에서 일을 하든 좋아하는
TV 프로그램을 연달아 몰아서 보든 별로 밖에 나가질 않죠.
그런데 만일 우리가 밖에 전혀 나가지 않는다면
어떤 일이 일어날까요?

약 1억 5000만 킬로미터 떨어진 곳에서
뿜어져 나온 햇살이 태양계를 가로질러
지구의 대기를 통과해, 시간이 딱
맞아떨어지면 우리의 피부에 도달합니다.
멋지죠? 그리고 바로 이 햇빛이 우리
생명을 지지해 주는 한 요소를 만들어 내는
놀라운 연쇄 반응을 촉발합니다. 바로 '햇빛
비타민'이라고도 하는 비타민 D입니다.

흥미롭게도 우리 몸은 우리가
섭취하는 콜레스테롤 중 일부를
변형시켜서 피부에 저장합니다.
그리고 길고 긴 여정을 거쳐 찾아온
자외선 B가 우리 피부에 닿아서 이
콜레스테롤을 또다시 변형시킵니다.
이 새로운 분자가 혈관을 타고 간으로
가서 다시 한 번 변신을 한 뒤 신장으로
옮겨 가 생물학적으로 '활성화'됩니다.

햇빛 비타민

활성화된 비타민 D는 우리가 먹는 음식에서 칼슘을 흡수하는 것을 도와서 뼈의 성장을 촉진하고 튼튼하게 해 줍니다.

그러니까 우리의 피부가 햇빛을 먹고 그 햇빛이 뼈를 자라게 한다고도 말할 수 있죠! 그런 면에서 우리는 식물과 크게 다르지 않습니다.

비타민 D가 부족하면 우리 몸은 뼈의 무기질이 부족해 골다공증과 같은 병에 걸릴 뿐만 아니라 면역 기능도 떨어집니다. 게다가 비타민 D가 암, 심장병, 우울증을 예방해 준다는 증거도 나오고 있습니다. 추운 지방에 살아서 햇빛을 잘 보지 못하는 사람들이 겨울에 우울증에 잘 걸리는 이유가 바로 여기에 있을지도 모릅니다.

그러나 햇빛과 비타민 D만이 우리가
밖에 나가야 할 유일한 이유는 아닙니다.
자연 속에서 시간을 보내는 것이 우리의
몸과 마음에 뚜렷한 영향을 미친다는
많은 연구 결과들이 있습니다. 뇌 영상
연구에서 피험자들이 자연의 모습이
담긴 화면을 바라볼 때 뇌에서 안정감,
공감, 사랑에 관여하는 영역들이
활성화되었습니다.

반면 인공적인 환경을 바라볼 때는
공포나 스트레스와 관련된 영역이
활성화되었고요.

그뿐만 아니라 집안에서 주로 지내면 대개 앉아서 보낼 가능성이 큽니다. 여러분은 대개 소파에 앉아서 빈둥대거나, 지금 이 책을 읽거나 인터넷을 하면서 몇 시간이고 보내지 않나요?

그런 활동이 건강에 아무런 해를 줄 리가 없을 것 같지만 제2형 당뇨병이라든지 심혈관계 질환과 같이 매우 심각한 건강 문제들이 앉아서 보내는 시간과 밀접한 상관관계를 보인다는 연구 결과들이 있습니다. 그뿐만 아니라 2만 명 이상을 대상으로 한 연구에서 앉아서 지내는 시간과 사망률 사이에 강한 상관관계가 있는 것으로 드러났습니다. 다시 말해서 앉아 있는 시간이 길면 길수록 일찍 죽을 가능성이 높아진다는 것이죠. 여기서 가장 무서운 측면은 신체 활동량과 상관이 없다는 거예요.

자, 그러니까 이제 자리에서 일어나 밖으로 나가세요. 그래서 여러분의 수명을 늘리세요! 단, 지금 읽는 이 책은 다 읽고, 우리의 AsapSCIENCE 유튜브 비디오는 일단 다 본 후에 말이죠.

가감

팔다리가 저린 현상은 무엇 때문일까?

다리를 꼬고 앉아서 한참 동안 TV를 본다든지 잘못된 자세로 팔을 베고 잔다든지
할 때 다리나 팔이 저린 경험을 해 봤을 겁니다. 영어로는 '핀과 바늘'이라고
부르거나 아니면 팔다리가 잠들었다고도 표현하죠. 팔다리가 저린 바로
그 순간에는 정말 참기 어렵습니다. 하지만 금방 괜찮아지고, 지나고 나면 쉽게
잊어버리기 일쑤죠. 그런데 무엇 때문에 이렇게 몸의 일부가 저린 것일까요?

우리 몸의 신경계는 뇌와 척수와
신경들로 이루어져 있습니다. 뇌와
척수는 우리 몸의 중앙 관제탑이라 할
수 있는 중추 신경계를 이루고 있어요.
중추 신경계는 우리가 의식적으로
하는 행위와 더불어 호흡과 같이
우리 몸이 자동으로 수행하는 일들을
통제하고 관리합니다.

복잡한 신경 다발로 이루어진 뇌와
척수는 우리 몸의 중심적인 정보 고속도로라고
볼 수 있습니다. 나머지 신경들은 우리 몸의
말단 부위를 뇌나 척수로 연결해 주는 역할을 하지요.
손가락이나 발가락을 움직일 때 신경이 그 정보를 뇌에서 말단
부위로 전달합니다. 그러니까 이 신경들은 중앙 고속도로에서 뻗어
나온 국도나 지방도로에 비유할 수 있습니다.

신경은 뉴런이라는 길쭉한 세포들의 다발로 이루어져 있어요. 뉴런은 전기 화학 신호를 통해 온몸으로 정보를 전달합니다. 각 뉴런은 특정 종류의 자극을 담당하는 식으로 특화되어 있고 신호를 한 방향으로만 전달합니다. 만일 혀에 있는 열 수용체가 펄펄 끓듯 뜨거운 커피를 마신 탓에 급격히 상승한 온도를 감지한다면 뉴런은 그 신호를 뇌로 보냅니다. 그러면 뇌는 이 정보를 처리해서 즉시 입안의 근육에 뜨거운 커피를 뱉어 버리라는 신호를 내려 보냅니다. 이처럼 이 시스템은 우리의 몸을 안전하게 지켜 주기 위해 일하고 있습니다.

그런데 여러분의 몸 일부가 '잠이 들어 버리는' 것은
신경계 도로의 어딘가에 가벼운 사고나 교통 체증이
벌어진 것과 비슷한 상태입니다. 여러분이 다리를
꼬고 앉거나 팔을 베고 잠들면 특정 신경으로 가는
혈액의 흐름을 일시적으로 막을 수 있습니다.

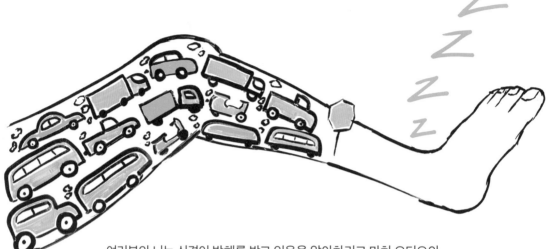

여러분의 뇌는 신경이 방해를 받고 있음을 알아차리고 마치 오디오의
소리를 크게 하듯 그 신경의 활동을 증폭시킵니다. 그 결과 저리고
때로는 아프기까지 한 감각이 느껴지는 것이죠. 이 느낌은 혈관을
막고 있는 압박을 제거해서 혈액이 신경에 공급되면 금방 사라집니다.
여러분이 팔꿈치를 부딪칠 때 드는 느낌도 비슷한 방식으로 일어납니다.
팔꿈치의 척골 신경에 직접 자극을 받으면 방해를
받은 신경이 고통스러운 감각으로 반응합니다.

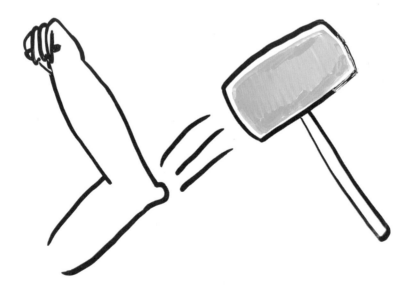

만일 팔다리가 저린 느낌이 너무 자주 일어난다면 신경계에 문제가 있거나 뉴런이 손상되었다는 의미로 좀 더 심각한 문제를 나타낼 수도 있습니다.

그러나 이따금씩 일어나는 팔다리 저린 현상은 여러분의 신경계가 뭔가 잘못되었다고 판단할 때 보내는 단순한 신호입니다. 그러니 걱정하지 말고 잠들어 있는 뉴런을 툭툭 일으켜 깨우면 됩니다!

왜 우리는 간지럼을 탈까?

벌레에 물리거나 상처에 딱지가 앉거나 발진이 나거나 아니면 심지어 먼지와
같은 자극이 있어도 우리는 벅벅 긁고 싶은 참을 수 없는 충동에 시달립니다.
그런데 우울증이나 강박 장애와 같은 상태도 역시 가려운 감각을 일으킬 수
있습니다. 자신의 몸을 박박 긁고 할퀴는 것은 사실 기이한 행동이지요.
우리 몸은 도대체 왜 가려운 걸까요?

평균적인 사람의 몸은 약 1.7~2제곱미터 면적의
피부로 둘러싸여 있습니다.

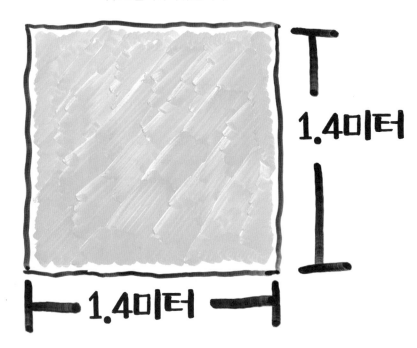

한때 우리는 피부를 단순히 우리 몸과 외부를
경계 짓는 방어막이라 생각했습니다. 그러나 이제는
피부가 우리 몸을 위해 온도를 상승시키거나 내리고
햇빛을 받아 비타민 D를 합성하고 촉각을 통해
감지한 신호를 뇌로 전달하기도 한다는 사실을
잘 알고 있습니다.

만일 어떤 이유로 통증이 일어난다면
뇌에서 몸을 움직여 통증을 일으키는
자극으로부터 떨어지라는 명령을
보냅니다. 그런데 가려움의 경우에는
뇌에서 그 자극의 원인을 손으로
긁으라고 명령합니다.

두 가지 반응 모두 여러분을 보호하기
위한 것입니다. 통증의 경우 자극의
원천을 피하도록 하고 두 번째의 경우
자극의 원인을 물리적으로 제거하도록
하는 것이죠.

오랫동안 과학자들은 가려움이 피부에서
통증 감각이 약하게 자극되어 일어나는 것이며,
그 미세한 통증을 단순히 '가려움'으로 해석하는
것이라 생각했습니다. 우리의 뇌가 약한 자극을
통증으로 입력하는 대신 다른 것으로 해석한다고
생각했던 것이죠. 그러나 오늘날 과학 연구 결과는
그런 생각에 정면으로 도전합니다.

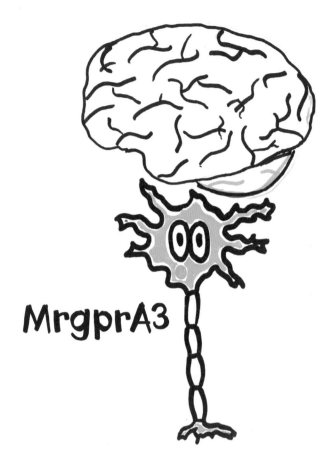

과학자들이 가려움을 감지하는
MrgprA3라는 특별한 종류의 뉴런을 발견했습니다.

쥐에서 이 뉴런을 파괴하면 가려움을 일으키는 물질에
노출되어도 더는 제 몸을 긁지 않는 것으로 나타났습니다.

이 결과를 확인하기 위해
과학자들은 이 특별한 뉴런 중 하나를
캡사이신(capsaicin)이라는 화학
물질에 의해 촉발되도록 조작했습니다.
캡사이신은 매운 고추를 먹을 때
입안이 얼얼해지도록 만드는 바로 그
성분입니다. 쥐에게 이 조작한 뉴런을
이식하자 캡사이신에 노출했을 때
괴로워서 찡그리는 대신 제 몸을 박박
긁어 댔습니다. 이 실험 결과 역시 통증을
감지하는 뉴런과 가려움을 유발하는
뉴런이 완전히 다른 것임을 확인해
주었습니다.

가려움을 담당하는 뉴런이 따로
존재한다는 발견 덕분에 피부병,
벌레 물림, 옻나무와 같은 식물에
의한 자극을 치료하는 방법이
크게 발전하고 있습니다.

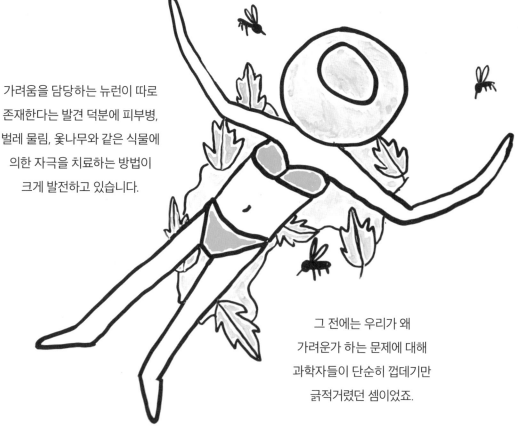

그 전에는 우리가 왜
가려운가 하는 문제에 대해
과학자들이 단순히 껍데기만
긁적거렸던 셈이었죠.

셀카의 과학 :
왜 항상 사진은
실물보다 못생겨 보일까?

외출 준비를 마치고 거울에 비친 모습을 보면서 마음속으로
이렇게 외치죠. '이야! 오늘 내 모습 끝내 주는데! 최고야!' 하늘을
찌르는 자신감으로 당당하게 길을 나섭니다. '이 멋진 모습을
사진으로 남겨야겠다!' 생각하면서요. 그런데 잠깐, 혹시 사진만
찍으면 못생기게 나와서 '나는 왜 사진이 안 받는 걸까?' 고민해 본
적 없나요? 대체 왜 사진 속의 내 모습은 거울에 비친 내 모습과
다른 걸까요? 왜 그토록 많은 사람이 거울 속의 자신의 모습에는
만족하면서 사진 속의 모습에는 실망하는 걸까요?

단순 노출 효과

이 현상에는 몇 가지 요인이 관여합니다. 그러나 가장 큰 이유는 '단순 노출 효과'입니다. 간단히 말해서 우리는 모두 익숙한 것을 선호하는 경향이 있습니다.

어떤 것에 반복해서 노출되면 우리는 심리적으로 비교적 덜 접한 다른 것들보다 그것을 좋아하게 됩니다. 말도 안 되는 소리같이 느껴질지 모르지만, 단어, 그림, 소리, 사진, 심지어 기하학적 도형을 가지고 실험을 해 본 결과 사람들이 모두 익숙한 쪽을 더 선호하는 것으로 나왔습니다.

심지어 인간 외의 다른 종에서도 이런 현상을 관찰할 수 있답니다. 원숭이에서 닭에 이르기까지 많은 동물들이 반복된 자극에 더 좋은 반응을 보이는 것이 입증되었습니다.

가장 자주 접하는 자신의 모습은 바로 거울에 비친 모습입니다. 거울(또는 유리창 따위)에 비친 자신의 모습을 볼 때 그 모습은 좌우가 바뀌어 있습니다. 여러분이 지금 거울에 비친 자신의 모습을 보고 있다고 합시다. 그런데 만일 그것이 거울 속 내 모습이 아니라 눈앞에 있는 다른 사람이라고 한다면 실제로는 가르마의 방향이 반대일 것입니다. 여러분이 왼손을 든다면 눈앞에 비친 여러분의 거울상은 오른손을 들 것입니다. 왼쪽 뺨에 난 거슬리는 여드름은 오른쪽 뺨에 난 것일 테고요.

그러나 사진은 거울에 비친 모습과 다릅니다. 사실 사진 속의 모습이 바로 다른 사람들이 바라보는 여러분의 모습이랍니다! 그런데 여러분의 뇌는 그런 당신 모습에 익숙하지 않아서 그 모습을 평소보다 '별로'라고 해석할 수 있습니다.○

이 현상을 연구하기 위한 실험에서 피험자들은 거울에 비친 것과 같은 방향으로 찍힌 자신의 사진을 일반적인 자신의 사진보다 더 선호하는 것으로 나타났습니다. 어떤 것이 일반적 사진이고 어떤 것이 거울상인지 알지 못하고서 말이죠. 반면 피험자의 친구들은 일반적 사진의 모습에 더 높은 호감도 점수를 주었습니다. 그러니까 여러분의 친구들은 거울에 비친 여러분의 모습을 보면 여러분이 평소보다 덜 예쁘거나 덜 잘생겼다고 생각할 것입니다.

그에 더하여 거울에 자신의 모습을 비추어 볼 때는 자세, 머리 모양, 웃는 모습 따위를 마음에 들도록 조정할 수 있지만 사진은 여러분이 볼 수 없는 각도로 찍히다보니 마음에 들지 않는 모습이 나올 수 있습니다. 그러나 걱정하지 마세요. 사진 속에 비친 여러분 모습은 다른 사람들에게는 자연스럽고 멋지게 보일 테니까요.

○ 참고로 휴대폰의 셀프카메라 모드는 거울에 비춰 보는 것과 같습니다.—옮긴이

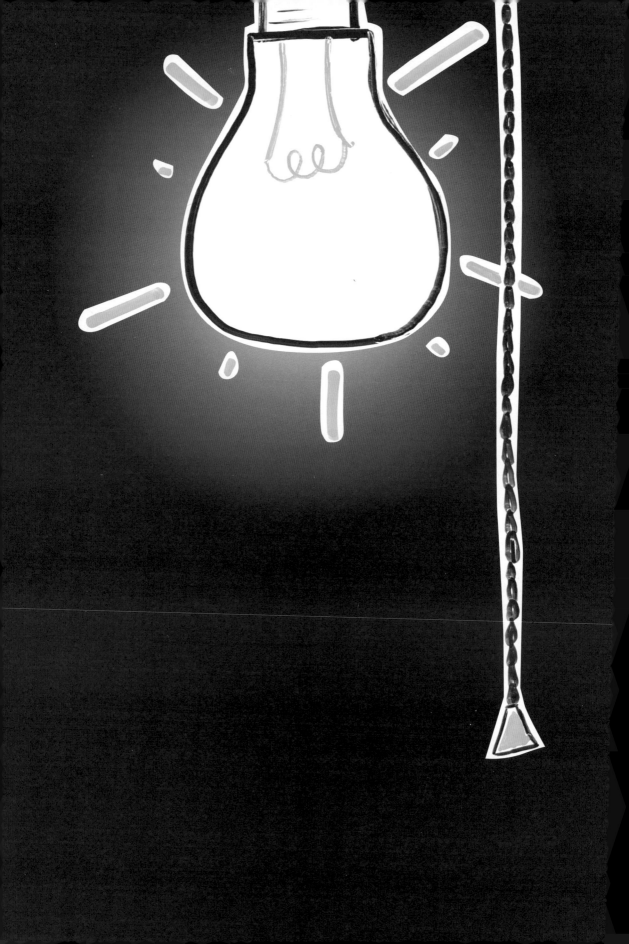

전등불을 끄면 방안에 있던 빛은 어디로 갈까?

너무 간단하죠? 전등 스위치를 누르면 눈 깜빡할 사이에 방은 완전히 캄캄해집니다. 그런데 방안 환히 밝히던 빛은 모두 어디로 간 걸까요? 1초 전만 해도 빛이 방안을 가득 채우고 있었는데요. 어떻게 갑자기 한순간에 방이 깜깜해진 것일까요?

질량과 에너지 보존 법칙(매우 똑똑한 사람들이 발견해 낸 과학 법칙!)에 따르면 빛은 단순히 '사라질' 수 없습니다. 실제로 어떤 물질도 완전히 사라져 버릴 수는 없어요. 다만 그 형태, 조성, 색깔, 그밖에 다른 성질이 바뀌어 궁극적으로 다른 물질이 될 뿐이죠. 그렇다면 이런 원리가 빛에는 어떻게 적용될까요?

빛은 광자(photon)라고 하는 작은 입자들로 이루어진 일종의 에너지입니다. 여러분이 전등을 켜면 전구의 필라멘트가 가열되고 일정 온도가 되면 광자를 내뿜습니다.

광자들은 사방팔방으로, 그리고 어마어마하게 빠른 속도로 —빛의 속도는 1초당 약 30만 킬로미터입니다.—방 구석구석까지 뻗어 나갑니다.

방안의 벽과 가구 등 모든 물질들은 일정 구조로 배열된 원자들로 이루어져 있습니다. 원자를 구슬이라고 생각해 봅시다. 벽이나 가구와 같은 방안의 물체는 구슬들이 어깨를 맞대고 늘어서 있는 구조라 볼 수 있어요. 그런데 광자가 날아와서 이 중 한 원자에 맞으면 광자는 자신의 에너지를 원자에 전달합니다.

그리고 에너지의 양은 보존되기 때문에(에너지든 물질이든 어떤 것도 그냥 사라져 버리지는 않는다고 했죠?) 광자가 갖고 있던 에너지를 원자가 얻어서 진동하게 됩니다. 진동하는 원자는 옆에 있던 원자를 쳐서 그 원자를 진동시킵니다. 이런 식으로 한 원자에서 다른 원자로 에너지가 물결처럼 퍼져 나갑니다.

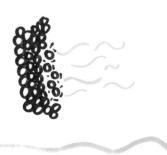

마치 연못에 돌멩이를 던지는 것과 같아요. 돌멩이가 가지고 있던 에너지가 주변의 물 분자로 퍼져 나가고 그 다음 밖으로, 밖으로 동심원 물결처럼 점점 더 많은 물 분자로 전달됩니다. 이 과정에서 빛의 에너지는 벽을 아주 약간 따뜻하게 만들 수도 있습니다. 마치 햇볕이 뭔가를 따스하게 데우듯 말입니다. 실제로 여러분이 전구 주변에 손을 대 보면 열기를 느낄 수 있을 거예요. 그러니까 전등이 켜져 있을 때는 방안의 광자들은 벽을 때리고서 열에너지 형태로 흡수됩니다.

그렇다면 이것이 갑자기 어두워지는 것과 어떤 관계가 있을까요? 여러분이 전등 스위치를 끌 때 방안에 남아 있던 광자들은 벽이나 다른 사물에 부딪혀 열에너지 형태로 흡수됩니다. 그리고 빛의 속도가 믿을 수 없을 정도로 빠르기 때문에 이 모든 과정이 순식간에 일어납니다. 그리고 여러분은 칠흑 같은 어둠 속에서 두려움에 잠긴 채 홀로 남겨지는 것이죠.

왜 나이가 들수록 시간이 빨리 흘러갈까?

우리는 모두 나이를 먹습니다. 그런데 어릴 때보다 시간이 더 빨리 흐르는 것 같은
느낌이 들 때가 있지 않나요? 영원히 끝나지 않을 것 같던 여름방학이 어느덧
끝이 났습니다. 생일잔치 한 게 엊그제 같은데 또 생일이 돌아와 한 살을 더
먹습니다. 몇 년 전 있었던 일이 어제 일처럼 가깝게 느껴지기도 하지요. 그런데 왜
시간을 지각하는 방식이 나이를 먹어 감에 따라 그토록 크게 변하는 것일까요?
우리가 어떻게 해 볼 수 있는 부분은 전혀 없는 걸까요?

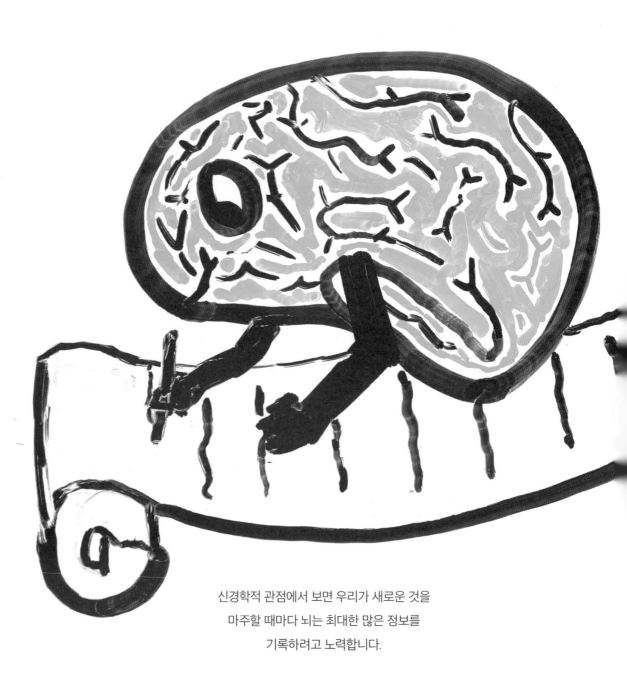

신경학적 관점에서 보면 우리가 새로운 것을
마주할 때마다 뇌는 최대한 많은 정보를
기록하려고 노력합니다.

새로운 정보를 암호화하여 저장하기 위해 수천 개의 뉴런이 활성화됩니다. 그 결과 많은 것을 느끼고 알아 가게 되지요. 그러나 시간이 흐름에 따라 '새로운' 경험은 낡은 것이 되고 우리 뇌는 정보를 입력하는 데 에너지를 점점 덜 쓰게 됩니다. 왜냐하면, 이미 아는 것이니까요! 집에서 직장까지 매일 차를 몰고 간다면 운전하는 활동은 뇌를 그다지 자극하지 못합니다. 그 길을 처음 운전해서 갈 때와 비교해서 말이죠.

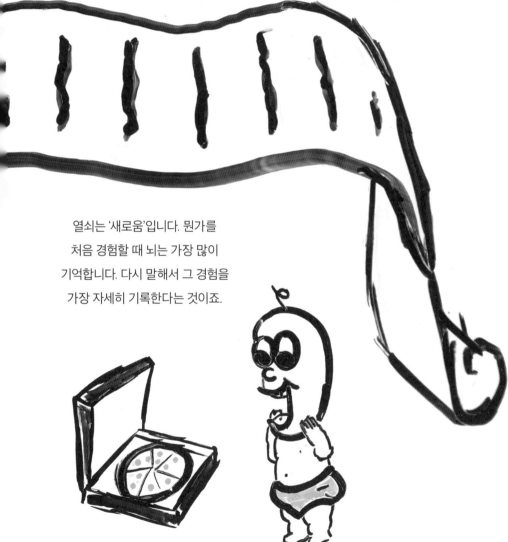

열쇠는 '새로움'입니다. 뭔가를 처음 경험할 때 뇌는 가장 많이 기억합니다. 다시 말해서 그 경험을 가장 자세히 기록한다는 것이죠.

우리는 당연히 인생의 '첫' 경험들을 주로
인생 초기에 마주합니다. 바로 그렇기
때문에 어릴 때나 젊을 때 지금보다 훨씬
많은 일들이 일어났던 것 같은 느낌이
드는 것이죠. 첫 키스이든,

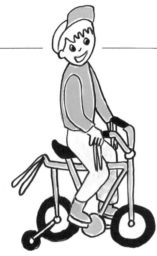

처음 자전거를 탄 경험이든,

아니면
처음으로 술을 마신
일이든, 완전히 새로운
경험을 할 가능성은 어리거나
젊은 시절에 훨씬 더 높습니다.

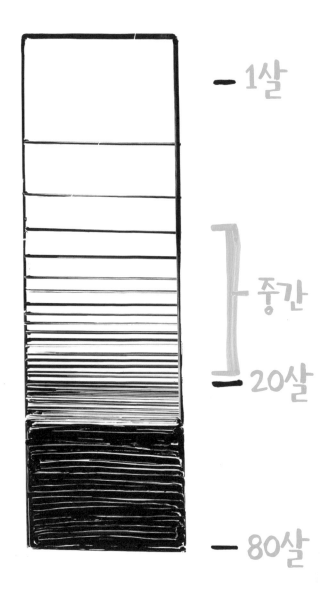

그뿐만 아니라 나이가 들수록 1년이 우리 인생에서 차지하는 비율은 점점 줄어들고 그에 따라 우리의 느낌도 달라집니다. 생각해 봅시다. 만 1살이 되었을 때, 1년은 인생에서 100퍼센트를 차지합니다. 살면서 경험한 모든 것이 그 1년 안에 일어났습니다. 시간을 훌쩍 뛰어넘어 50살이 되었다고 합시다. 이때 1년이란 살아온 인생의 2퍼센트에 지나지 않습니다. 그에 따라 1년은 우리 삶에서 훨씬 적은 부분을 차지하고 그만큼 더 빠르게 지나가 버리는 느낌이 듭니다. 이 이론에 따라서 첫 번째 1년을 100퍼센트로 놓고 그 다음 1년은 절반, 그 다음 1년은 전체의 1/3, 그 다음 1년은 1/4······ 이런 식으로 보고 그림으로 나타내 보면, 80살이 될 때 인생의 '중간점'은 20세 직전 무렵이 됩니다. 어쩌면 이것이 우리 뇌의 시간관일지도 모릅니다. 물론 이것은 수많은 이론 중 하나일 뿐입니다!

그러나 희망이 없는 것은 아닙니다. 만일 여러분이 노년기에도 계속해서 새로운 경험—뇌의 새로운 영역을 자극하는!—을 발견한다면 시간이 천천히 흐르는 것처럼 느껴질지도 모릅니다.

새로운 언어를 배우거나
여행을 하거나

한 번도 해 본 적 없는 활동을 함으로써 여러분의 뇌는
인생의 단조로움에서 탈출할 수 있습니다.

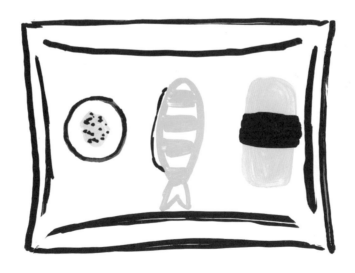

새로운 경험을 추가함으로써 영원히 끝나지 않을 것 같던 어린 시절의
여름방학처럼 시간이 천천히 흐르는 듯한 느낌을 다시 맛볼 수 있습니다!

뜨거운
사랑

그리고

다른
사랑을
추구하는
행동들

매력의 과학

'매력적인가, 아닌가?' 다른 사람을 판단하는 기준은
매우 많지만, 외모만큼 금세 판단할 수 있는 기준도 없을 겁니다.
인정하고 싶지 않을 수도 있지만, 매력적인 누군가를 보면 괜히 기분이
좋아지고 가슴이 뜁니다. 그런데 외모의 아름다움이나 성적 매력을
객관적으로 측정할 수 있을까요? 아니면 '제 눈에 안경'이라는
속담처럼 보는 사람의 취향에 따라 다를까요?
자, 그럼 매력을 과학적으로 접근해 볼까요?

과학적으로 말해, 인간의 존재 이유는 번식할 때까지 생존해서 인간이라는 종을 영속시키는 것입니다. 다른 수많은 종과 마찬가지로 우리 유전자는 우리로 하여금 성적 매력이 있는 상대와 짝짓기를 하도록 밀어붙입니다. 생물학적으로 그것이 무엇보다 중요한 과제니까요. 인류 초기부터 생존에 적합하고 건강한 배우자를 알아보는 능력은 종의 생존을 위한 핵심 열쇠였습니다.

과학자들의 연구 결과 남성은 다리가 길고 허리가 가늘고 엉덩이가 큰 여성에게 끌렸습니다. 다리가 길면 적합도가 높아지고, 엉덩이가 크면 출산이 쉬울 뿐 아니라 건강하고 더 무거운 아이를 낳을 가능성이 높기 때문이죠.

여성은 얼굴에 흉터가 있는 남성이 더 성적 매력이 있다고 생각합니다. 흉터가 있다는 것은 테스토스테론 농도가 높고 힘이 세고 남성적이라는 사실을 암시하기 때문이지요. 우리 조상들은 이런 자질을 가진 남자들이 적과 싸워서 가족을 지키고 후손을 남길 수 있을 것이라 생각했나 봅니다. 오늘날 일부 여성들이 '나쁜 남자'에게 끌리는 이유도 여기에 있을지 모르겠군요.

반면, 여성이 헌신적이고 충실한 남성을 선호한다는 연구 결과도 있습니다. 그런 특징들은 남성이 오랫동안 한 배우자 곁에 머물면서 자식들을 보호해 주리라는 걸 암시하지요. 초기 인류의 자식 생존에 매우 중요한 요소였습니다. 그러니 '착한 남자'도 밀리지 않습니다!

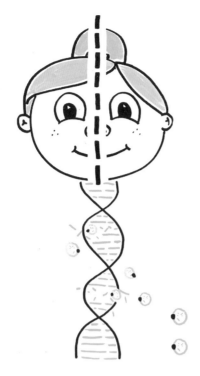

보편적 아름다움의 핵심은 신체의 대칭성입니다. 많은 연구에서 사람들은 신체 양쪽이 고르고 균형 잡힌 모습을 그렇지 못한 경우보다 더 아름답게 인식하는 것으로 나타났습니다. 신체의 좌우가 대칭을 이루지 못하는 경우는 태아 상태에서 발달상의 문제가 있었음을 나타내는 표시일 수 있습니다. 태아가 발달하는 과정에서 자유 래디칼(free radical)에 의한 손상이 일어날 수 있습니다. 자유 래디칼은 DNA 분자에 영향을 끼쳐 암과 같은 다양한 질병을 일으킵니다.

임신 중 흡연이나, 비만, 출산 시 합병증 등이 산모의 몸에 다량의 자유 래디칼을 생성시켜 태아의 신체 대칭성을 훼손할 수 있습니다. 따라서 좌우 대칭의 균형 잡힌 외모는 정상적인 발달과 질병을 이겨내는 힘을 갖고 있음을 암시하기 때문에 배우자를 고를 때 선호하는 요소가 되었는지 모릅니다.

생물학적으로 적합한 배우자와 건강한 자손을 얻고자 하는 우리 조상들의 욕구가 오늘날까지도 성적 매력의 기준에 영향을 미치고 있는 듯합니다.

실연의 과학

사랑하는 사람과의 이별은 엄청난 충격일 수 있습니다.
감당하기 힘든 마음의 상처로 기진맥진하고, 외로움을 느끼고, 심지어 우울증에
빠지기도 하지요. 그런데 이런 '마음의 상처'가 단순히 추상적인 개념일까요?
아니면 우리의 몸과 뇌에 실제로 물리적인 영향을 주는 것일까요?

살을 베이거나 다쳐서 신체적 통증을 느낄 때면
뇌의 전대상피질(anterior cingulate cortex)이라는 영역이 활성화됩니다.
그런데 놀랍게도 우리가 다른 이에게 거절당하거나 사회적 관계의 상실을 경험할 때에도
같은 부위가 활성화됩니다. 아마도 신체적 통증과 정서적 고통은 우리가 과거에
생각했던 것보다 훨씬 가까울지도 모릅니다.

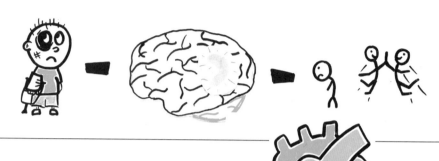

연인에게서 이별을 통보받았을 때
사람들은 이렇게 말합니다.
"그가 내 심장을 갈기갈기 찢어 놓았어."

내 심장을 찢어 놓았어!

"심장이 산산조각 났어."
"마치 따귀를 한 대 세게 맞은
기분이야."

따귀를 맞은 느낌이야!

"마음의 상처가 평생 흉터로 남을 거야."

마음에 흉터가 남아!

172

이처럼 마음의 상처를 몸의 상처에 비유해 표현하는 관행은, 적어도 언어에 있어서, 정서적 고통과 신체적 고통 사이에 밀접한 관계가 있음을 보여 줍니다. 그리고 한 연구에서 사람들은 실제로 자신이 속한 집단에서 따돌림을 받는 것보다는 신체적으로 상처를 입는 쪽을 택했습니다. 그런데 몸의 상처와 마음의 상처라는 각기 다른 경험이 왜 우리 몸에서 같은 반응을 이끌어 낼까요?

우리 몸은 위험으로부터 자신을 보호하는 데 신체적 통증을 이용한 것이 분명합니다. 그리고 진화적 관점에서 봤을 때 전체적인 생존과 적합도를 높여 주는 특성은 무엇이든 지속되는 경향이 있습니다. 많은 종에서 연인이나 친구 사이의 관계 맺기와 사회적 유대의 증가가 살아남는 데 중요한 부분이 되었습니다.

"나를 보살펴 줘. 그럼 나도 너를 보살펴 줄게." 이렇게 된 거죠. 그리고 뜨거운 커피에 손을 데면 다시는 데지 않으려고 조심하듯 동물들은 외톨이가 되지 않기를 바랍니다. 혼자가 아닌 게 살아남아 자손을 남길 가능성이 더 높습니다.

영장류를 대상으로 한 실험에서도 이런 결과가 명확하게 나타났습니다. 사랑하는 이들에게서 떼어내 홀로 지내게 한 원숭이는 코르티솔 농도가 높아지고 노르에피네프린(norepinephrine)은 감소했는데 이것은 큰 스트레스를 받을 때 나타나는 증상입니다.

결국 원숭이는 우울증, 불안감에 시달리고 큰 소리로 울부짖었습니다.

인간의 경우에도 연인과 헤어지거나, 사랑하는 사람이 죽거나, 홀로 떨어져 외롭게 지내면 비슷한 반응을 보입니다. 실제로 신체적 아픔까지 느낄 수 있습니다.

그렇다면 우리는 이 아픔을 어떻게 완화할 수 있을까요? 몸에 난 상처에는 연고를 바르고 반창고를 붙이면 되는데 마음의 상처를 치유할 약은 약국에서 찾을 수가 없지요. 연구에 따르면 주위 사람들의 따뜻한 지지를 받으면 마음의 고통이 줄어드는 반면 지지해 줄 사람이 없는 경우에는 새로운 상황에 적응하기 힘들고 더 심한 고통을 느낀다고 합니다.

그러니 마음이 아플 때는 친구나 가족과 시간을 보내려고 노력해
보세요. 그리고 여러분 주위의 누군가가 정서적 고통으로 힘들어
하고 있다면 그 사람에게 기댈 어깨를 빌려 주세요. 우리 인간은 함께
살아가는 동물이라는 사실이 과학적으로도 입증되었으니까요.

사랑의 과학

오랜 동안 사랑은 철학자에서 역사가, 시인과 과학자에 이르기까지 수많은 사람들의 상상력과 호기심을 사로잡아 왔습니다. 여러분 가운데 많은 분들이 첫사랑의 황홀함이나 자식, 가족, 친구에게 느끼는 깊은 사랑을 경험해 봤을 거예요. 그런데 생물학적 관점에서 사랑이란 과연 무엇일까요?

사랑이 진화론에서 말하는 우리 종의 생존과 밀접한 관계를 맺고 있음은 분명합니다. 우리는 모두 우리 조상들이 성공적으로 짝짓기를 한 결과로 끊어지지 않고 내려온 길고 긴 사슬의 맨 끝에 자리 잡고 있습니다. 그 사슬의 꼭대기를 거슬러 올라가면 하나에서 둘로 분열하는 단세포 생물이 있을 거구요.

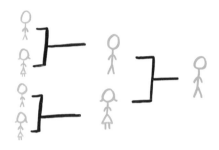

만일 애석하게도 아이를 갖지 못한다면 완벽하게 이어져 내려온 길고 긴 사슬은 끊어지고 말겠지요. 우리는 번식하려는 욕망을 가진 한편으로 자식이 온전하게 생존하기를 바라는 욕망 또한 가지고 있습니다.

우리는 종종 사랑을 심장과 연결 짓지만 사랑이라는 마법은 우리 뇌 안에서 일어납니다. 사랑에 빠진 사람의 뇌가 코카인을 복용한 사람의 뇌와 비슷하다는 사실을 알게 된다 해도 전혀 놀랍지 않죠.

코카인은 뇌의 쾌감 중추에 작용해서 더 낮은 수준의 자극 신호에도 발화되도록 문턱값을 낮추는 역할을 합니다. 별일 아닌 것에도 쉽게 기분이 좋아지도록 만드는 것입니다. 사랑에 빠진 사람의 뇌에서도 같은 현상을 볼 수 있습니다. 실제로 사랑이나 코카인이 기분을 좋게 만드는 게 아닙니다. 경험하는 모든 것이 더 쉽게 쾌감 중추를 자극해서 끝내 주는 기분을 느끼게 만드는 것입니다. 그 덕분에 단순히 사랑하는 대상뿐만 아니라 주위의 세상 전부를 더 로맨틱한 관점으로 바라보기 시작합니다. 흥미롭게도 근처에 있는 통증이나 혐오 중추는 평소보다 잘 발화되지 않습니다. 그러니까 사랑에 빠진 사람은 다른 상황들에 영향을 덜 받게 됩니다. 간단히 말해 우리는 사랑에 빠진 상태 그 자체를 사랑합니다!

그렇다면 대체 어떤 화학 물질이 이런 마술을
부리는 걸까요? 오르가슴을 느끼거나
사랑하는 사람의 사진을 바라볼 때 뇌의
복측(배쪽) 피개부(ventral tegmental area)에서
도파민(dopamine)과 노르에피네프린이 분비됩니다.

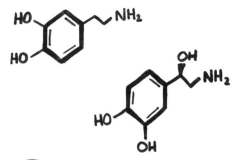

이들 화학 물질은 성적 흥분을 높이고 심장 박동을 증가시킬 뿐 아니라 사랑하는 대상과 함께 있고
싶은 동기, 갈망, 욕망을 증폭시킵니다. 자, 보세요. 로맨틱한 사랑은 그냥 단순한 감정이 아니라
인간이라는 종의 진화 과정에서 개체의 생존을 도움으로써 깊이 뿌리 내린 본능입니다. 그리고 이
사랑이라는 충동은 강렬한 에너지, 주의 집중, 의기양양함을 동반합니다. 쾌감 중추는 뇌의 보상
시스템—중변연계(mesolimbic) 도파민 시스템—의 일부입니다. 공부를 할 때 이 영역을
활성화하면 학습이 훨씬 쉬워집니다. 공부가 즐겁게 느껴지고 그 자체가 보상으로 인식되기 때문이죠.

옥시토신

또한 사랑에 빠진 사람의 뇌에서는 중격핵(nucleus accumbens)에서 분비되는 옥시토신(oxytocin)이 급격히 증가하는 것을 볼 수 있습니다. 옥시토신은 애정과 헌신의 신경 조절 물질로 유명합니다. 포유류에서 옥시토신이 개체 간의 유대나 애착 형성을 강화하는 것으로 밝혀졌기 때문이지요. 초원들쥐(prairie vole)에 옥시토신이나 바소프레신(vasopressin)을 주사하자 즉각 배우자를 찾아 유대 관계를 맺는 현상을 관찰할 수 있었습니다.

마지막으로 사랑에 빠진 사람들의 혈액에서는 세로토닌(serotonin) 농도가 낮았습니다. 마치 강박 신경증 장애를 갖고 있는 사람들처럼 말이죠. 연애 초기에 상대에 집착하고 열중하는 이유가 여기에 있을지도 모릅니다.

놀랍게도 강렬하고 낭만적인 사랑에 관여하는
뇌의 영역들은 사랑에 빠진 지 수십 년이 지난 후에도
여전히 활성화될 수 있습니다. 사랑에는
이 외에도 많은 생리적, 심리적 요인들이 관여할 수
있습니다. 그러나 사실 과학은 정확히 왜 우리가
사랑에 빠지는지, 그리고 사랑이 정확히 어떻게
작용하는지에 관해 아는 것이 별로 없습니다.
그러나 사랑에 빠진 사람들은 모두 본능적으로
알고 있지요!

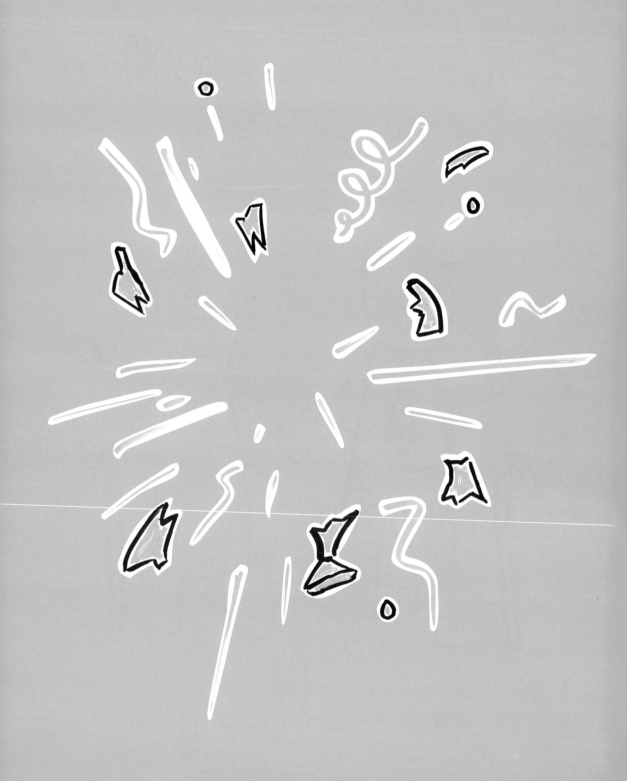

오르가슴의 과학

인간의 몸은 경이롭습니다. 그런데 인간의 몸과 관련된 경험 가운데
가장 신비롭고 본질적인 측면은 바로 성적 쾌감이 최고조에 이른 상태,
오르가슴이 아닐까요? 도대체 무엇 때문에 기분이 그토록 좋은 것일까요?

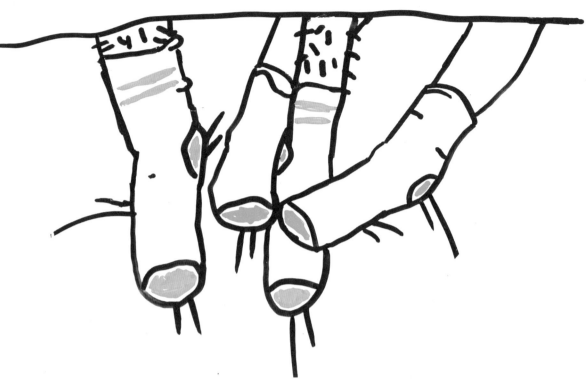

우리 몸이 성적인 자극에 흥분하는 반응은 대개 네 단계로 이루어집니다. 흥분의 고조, 흥분의 유지, 오르가슴, 이완, 이렇게 말이죠. 성적으로 흥분되면 뇌는 생식기로 더 많은 혈액이 공급되게 합니다. 또한, 심박 수가 늘어나고, 호흡량이 증가하며, 중추 신경계에서 뇌의 보상 체계로 쾌락 신호를 보냅니다. 수천 개의 신경 말단에서 끊임없이 쾌락 신호를 뇌로 보내고 그 결과 오르가슴에 이르게 됩니다.

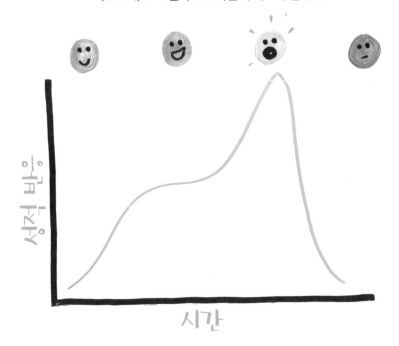

3~10초
쾌감 지속 시간

남성의 경우 오르가슴을 느낄 때 항문의 괄약근, 전립선, 음경의 근육이 빠르게 수축합니다. 정액을 분사하는 사정까지 포함하여 강렬한 쾌감을 느끼는 이 과정이 남성의 경우 약 3초에서 10초 사이에 이루어집니다.

그 다음에는 몇 분에서 몇 시간까지 새로운 오르가슴을 느낄 수 없는 무반응 시기가 따라옵니다.

20초 이상
쾌감 지속 시간

한편, 여성의 경우 이런 무반응기가 없습니다. 그렇기 때문에 다수의 연속적인 오르가슴을 느낄 수 있죠. 여성의 오르가슴은 평균 20초 정도 지속되며 그동안 자궁, 질, 항문, 골반 근육이 리드미컬하게 수축합니다.

그러나 오르가슴을 총지휘하는 것은, 또는 그 책임을 태만히 하는 것은 다름 아닌 뇌입니다. 과학자들이 기능적 뇌 자기 공명 영상(functional MRI)을 통해 살펴본 결과, 오르가슴을 느낄 때 30군데 이상의 뇌 영역이 활성화되는 것을 확인했습니다.

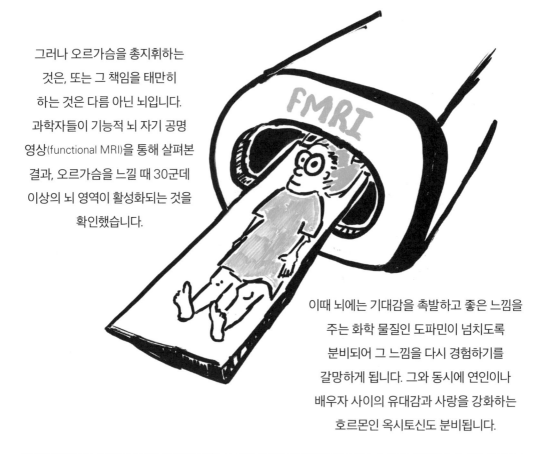

이때 뇌에는 기대감을 촉발하고 좋은 느낌을 주는 화학 물질인 도파민이 넘치도록 분비되어 그 느낌을 다시 경험하기를 갈망하게 됩니다. 그와 동시에 연인이나 배우자 사이의 유대감과 사랑을 강화하는 호르몬인 옥시토신도 분비됩니다.

양전자 단층 촬영(PET) 스캔 결과를 보면 놀랍게도 오르가슴을 느끼는 동안 활성화되는 뇌의 영역은 남녀 모두 동일합니다. 또한 남녀 모두 자신에 대한 평가, 이성, 통제를 담당하는, 측면의 안와 전두 영역(lateral orbitofrontal cortex)이 비활성화됩니다. 그 결과 공포나 불안이 사라집니다. 오르가슴의 본질적 측면 중 하나죠.

편도와 해마가 이완되어 감정을 감소시킴으로써 여성에게서는 트랜스, 즉 무아지경과 같은 상태가 나타나고 남성의 경우 공격성이 줄어듭니다.

오르가슴을 느끼는 동안 여성 뇌의 수많은 영역이
완전히 비활성화됩니다. 이런 효과가 남성에서는 덜한
편인데 아마도 남성의 경우 오르가슴의 지속 시간이
짧아서 뇌 영상 촬영으로 변화를 포착하기가 더욱
어렵기 때문일 수도 있습니다. 여성의 경우 수도관 주위
회백질(periaqueductal gray)이라는 영역이 활성화되어
'투쟁 또는 도피' 반응을 이끌어 내고, 한편, 통증에
관여하는 피질도 활성화되는데 이는 통증과 쾌감 사이에
밀접한 관계가 있을 가능성을 암시합니다.

쾌감의 절정과 근육 수축이 일어난 후에
우리의 몸은 깊이 이완되고 심장 박동도 잦아들어
휴식 상태로 돌아갑니다.

자, 과학도 이렇게
요염할 수 있다는 사실을
이제는 아셨죠?

춤 잘 추는 사람이 연애도 잘한다?

원시 부족이 의식을 치를 때 추는 춤이건, 사교댄스건, 자극적인 춤이건, 인류의 모든 역사, 모든 문화권에 걸쳐서 사람들은 다양한 종류의 춤으로 무도장에서 또는 방안 거울 앞에서 자신을 표현해 왔습니다. 특별히 춤을 잘 추는 사람이 있긴 하지만 그래도 의문이 듭니다. 춤이라는 행위는 일부 개인의 특성일까요? 아니면 우리의 유전자 안에 새겨진 보편적인 것일까요? 왜 우리는 춤에 빠져들까요? 춤은 동물들이 짝을 꼬드길 때 내는 울음소리와 같은 걸까요? 더 중요한 것은, 이성을 유혹할 때 춤이 성공 가능성을 높여 줄까요?

춤은 보기 즐겁습니다. 음악이 귀를 즐겁게 하듯 춤은 우리의 눈을 즐겁게 해 주죠. 그런데 춤이 짝짓기 의식의 일부이며 우리 종의 생존과 진화에 얽혀 있다고 처음 제안한 사람은 바로 전설적인 과학자 찰스 다윈이었습니다. 만일 이 견해가 사실이라면 춤추는 능력은 어떤 식으로든 생존이나 번식과 밀접한 관계가 있어야겠지요. 그런데 정말 그럴까요?

인류 초기, 우리의 조상들은 좌우 대칭에 신체 조절이 잘되고, 리듬에 맞춰 몸을 잘 움직일 줄 아는 사람을 배우자로 선호한 것으로 나타났습니다. 이런 특성들이 빨리 달리고, 맹수의 공격으로부터 자신을 보호하고, 궁극적으로는 살아남을 수 있는 능력과 종종 연결되어 있었으니까요.

그리고 춤은, 애초에 그 의도가 무엇이었든, 이런 특질을 겉으로 드러내 보이는 도구 역할을 했습니다. 내가 생존에 최적화된 인간임을 겉으로 드러내고 입증함으로써 잠재적 배우자를 유혹하는 훌륭한 방법이었던 것이죠.

춤을 추고 싶어 하는 욕망은 심지어 생후
5개월 된 아기에서도 찾아볼 수 있습니다.
몸을 까딱까딱하는 것을 관찰할 수 있죠.

실제로 거미에서부터 다양한 종류의 새에
이르기까지 많은 종의 동물들이 춤이나 특별한
동작을 이용해 상대를 유혹합니다. 심지어 벌은
춤을 이용해서 의사소통을 하지요.

그렇다면 왜 사람들은 음악에 맞춰서 춤추기를 좋아할까요? 그 이유는 아마도 뇌의
보상 시스템 중 많은 부분이 운동 영역과 직접 연결되어 있다는 데에서 찾을 수 있을
겁니다. 예를 들어서 음악은 뇌의 기저에 있는 소뇌를 자극합니다. 소뇌는 시간을 맞추고
몸의 각 부분의 움직임을 일사분란하게 조절하는 역할을 합니다.

오늘날 춤은 자신감, 대담성, 그리고 때때로 도취 상태를 표현합니다. 그러나 가장 중요한 사실은 멋진 춤과 관련된 동작은 건강미와 성적 매력을 암시한다는 것입니다. 그리고 많은 경우에 우리의 '자연 서식지'인 나이트클럽에서의 구애 의식은 야생 동물들의 구애 의식을 그대로 보여 줍니다. "나이트클럽에서 동물처럼 행동한다."는 것에 새로운 의미를 주고 있는 셈이죠. 물론 야생에선 술기운을 빌릴 수 없다는 게 다르죠.

많은 남자들이 자신이 춤을 출 줄 모르고 춤에 소질도 없다고 생각합니다. 그러나 동물의 세계에서는 대개 수컷이 멋진 춤으로 암컷의 눈에 들고자 합니다. 그렇다면 어떤 춤이 '멋진' 춤일까요? 실제로 남성의 춤 가운데 어떤 동작이 여성에게 매력적으로 보이는지 연구한 사례도 있습니다. 흥미롭게도 몸의 중심부(가슴, 목, 머리)를 비틀거나 구부리거나 유연하게 움직이는 동작이 여성에게 가장 큰 호감을 이끌어 내는 것으로 나타났습니다. 우리는 다양성, 유연성, 창의성을 보여 주는 춤을 멋진 춤으로 여깁니다. 한편 반복적이고 딱딱하고 움찔움찔하는 동작(좀비나 시체 같은?)은 별로 호감을 사지 못했습니다. 그리고 안타깝지만 아마도 여러분의 아버지는 젊은 시절보다 느리고 딱딱하게 춤을 출 가능성이 높습니다. 더 이상 젊지 않고 신체가 탄력적이지도 않으니까요.

자, 클럽이든, 술집이든, 아니면 방안에서든 이제 동물적 본능에 몸을 맡기세요! 그리고 만일 누군가 춤을 어디서 배웠냐고 묻거든 이렇게 말하세요. "수백만 년에 걸친 진화가 이 춤을 낳았지!"

춤의 과학, 춤만큼이나 흥겹지 않나요?

나쁜
행동의

바다

@&#?

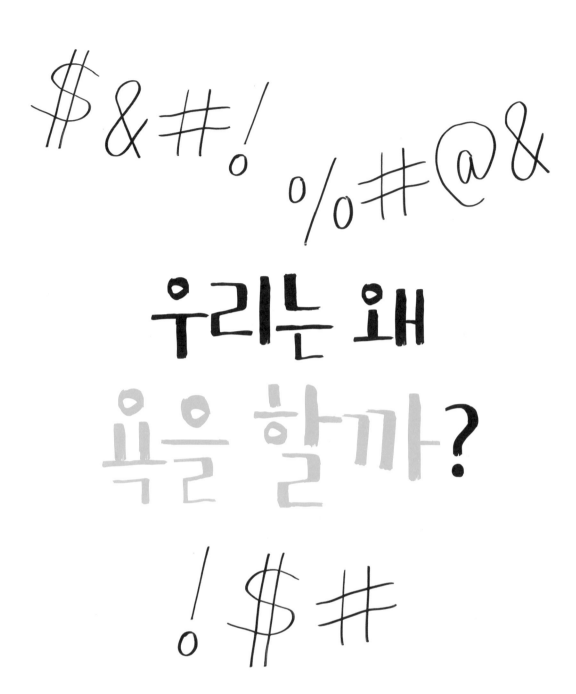

우리는 왜 욕을 할까?

아, 이 #%&! 왜 우리는 욕을 하는 걸까요? 이따금씩 자신도 모르게 욕이 입에서 튀어나오는 경험을 해 봤을 겁니다. 아니면 여러분 중에서 대놓고 큰소리로 욕을 즐기는 분도 있을 거구요. 그런데 과연 욕이 생물학적으로 어떤 목적이나 기능을 갖고 있는 것일까요? 아니면 그냥 단순한 문화적 금기 사항일까요?

대개 욕설을 천하고 심지어 해로운 것으로 비난하지만, 과학자들은 욕설이 우리에게 이로울 수도 있다고 말합니다. 특별한 상황에서는 말이죠!

사람들이 다치거나 상처를 입었을 때 욕을 하는 것을 볼 수 있을 거예요. 갑자기 욕이 튀어나오는 현상의 원인으로 과학자들이 주목하는 것이 바로 이 통증에 대한 일반적 반응입니다. 과학자들은 어쩌면 욕이 통증 조절 과정에서 어떤 역할을 담당할지도 모른다는 사실을 발견했습니다.

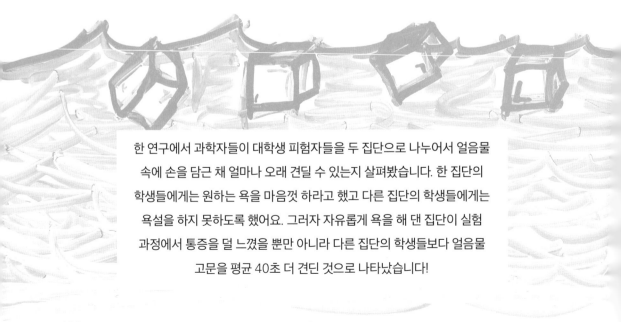

한 연구에서 과학자들이 대학생 피험자들을 두 집단으로 나누어서 얼음물 속에 손을 담근 채 얼마나 오래 견딜 수 있는지 살펴봤습니다. 한 집단의 학생들에게는 원하는 욕을 마음껏 하라고 했고 다른 집단의 학생들에게는 욕설을 하지 못하도록 했어요. 그러자 자유롭게 욕을 해 댄 집단이 실험 과정에서 통증을 덜 느꼈을 뿐만 아니라 다른 집단의 학생들보다 얼음물 고문을 평균 40초 더 견딘 것으로 나타났습니다!

연구자들은 욕설이 뇌에서 정서를 담당하는 회로와 연결되어 있을 것이라 추측합니다. 일상 언어는 뇌의 왼쪽 반구의 바깥쪽 영역을 사용하는 반면 욕설은 우뇌에 있는 편도라는 영역을 활성화시킵니다.

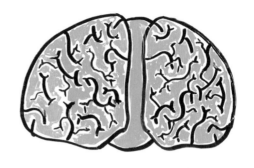

편도는 '투쟁 또는 도피' 반응을 촉발하는 영역입니다. 그뿐만 아니라 편도는 통증을 느끼는 것을 억제합니다. 스트레스 상황에서 우리 몸은 통증 따위에 아랑곳할 여지가 없을 테니까요.

많은 동물에게서 이런 방어 반사를 볼 수 있습니다. 동물들이 겁을 먹거나, 갇히거나, 상처를 입으면 종종 앙칼진 울음소리를 냅니다. 잠재적 포식자를 놀라게 하기 위해서죠. 예를 들어 여러분이 실수로 고양이의 꼬리를 밟으면 고양이가 비명을 내지르지 않던가요?

그러나 이런 욕설의 순기능에도 함정이 있습니다. 우리가 욕을 하면 할수록 욕은 점점 의미가 없어지고 그 효과도 떨어집니다. 정서적 반응도 나타나지 않습니다. 그러니까 비록 욕이 우리의 생존에 도움이 되도록 진화되었다고 하더라도 그걸 남용해서는 안 된다는 얘기입니다!

거짓말의 과학

선의의 거짓말, 과장된 거짓말, 뻔한 거짓말, 절반의 진실, 일부러 빼먹고 말하기,
허세……. 누군가를 의도적으로 속이는 방법은 많습니다. 우리 대부분이
일상적으로 거짓말을 하지만 거짓말의 복잡한 정도나 의도는 다양하지요.
꼬리를 잡힐 가능성 역시 제각기 다르고요. 그런데 거짓말을 100퍼센트
잡아내는 것이 가능할까요? 우리가 진실에서 일탈할 때마다 우리의 몸은
모두 생물학적으로 비슷한 방식으로 반응할까요?

거짓말을 하는 것은 꽤 스트레스를 받는 경험입니다. 특히 거짓말이 들통 날 가능성이 높은 경우에는 더하죠. 그래서 거짓말을 할 때 우리 몸은 마치 외부의 스트레스나 위협을 받을 때와 똑같은 방식으로 반응합니다. 즉 '투쟁 또는 도피' 반응이 촉발되지요!

투쟁 또는 도피

거짓말은 신경계의 방어 체계를 활성화시킵니다. 신경계가 위협을 감지한 것과 같아요. 그 결과 아세틸콜린(acetylcholine), 아드레날린(adrenaline), 에피네프린(epinephrine)과 같은 신경 전달 물질을 분비하는데 이 물질들은 우리 몸의 특정 영역에 전투태세를 갖추라고 말하는 화학적 전령과 같습니다. 에너지가 파도처럼 밀려와 솟구치고 일련의 변화가 일어납니다.

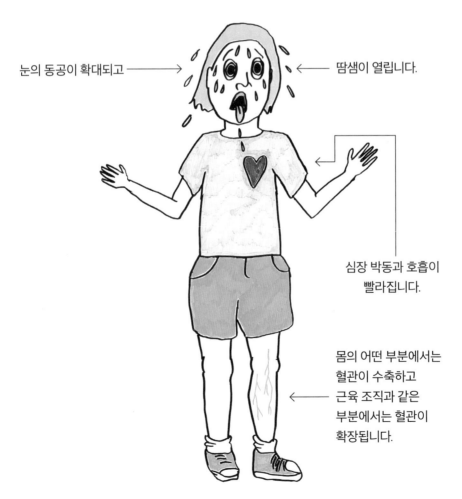

눈의 동공이 확대되고 ──→

←── 땀샘이 열립니다.

심장 박동과 호흡이 빨라집니다.

몸의 어떤 부분에서는 혈관이 수축하고 근육 조직과 같은 부분에서는 혈관이 확장됩니다.

한동안 거짓말 탐지기°가 이러한 변화를 포착해 거짓말을 판별해 내는 최적의 도구로 큰 인기를 끌었습니다. 그러나 거짓말 탐지기를 사용하는 방법의 가장 큰 문제점은 모든 사람이 거짓말할 때 똑같은 방식으로 불안감을 느끼지 않는다는 사실입니다.

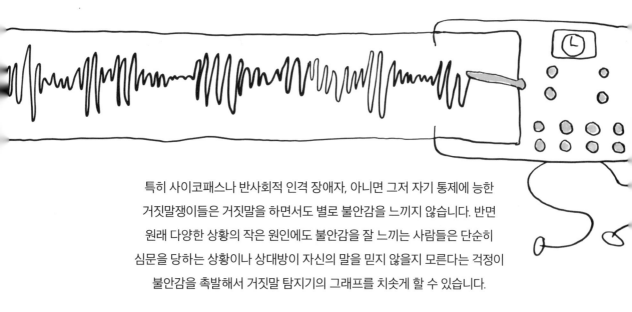

특히 사이코패스나 반사회적 인격 장애자, 아니면 그저 자기 통제에 능한 거짓말쟁이들은 거짓말을 하면서도 별로 불안감을 느끼지 않습니다. 반면 원래 다양한 상황의 작은 원인에도 불안감을 잘 느끼는 사람들은 단순히 심문을 당하는 상황이나 상대방이 자신의 말을 믿지 않을지 모른다는 걱정이 불안감을 촉발해서 거짓말 탐지기의 그래프를 치솟게 할 수 있습니다.

그래서 그 대안으로 기능적 뇌 자기 공명 영상(fMRI)으로 거짓말을 만들어 내는 바로 그 기관, 뇌를 직접 검사하는 방법이 떠오르고 있습니다. 이 fMRI는 주로 신경계 질병을 진단하거나 뇌의 지도를 그릴 때 사용하는데 뇌 조직에 공급되는 혈액의 산소 농도 변화를 계산함으로써 뇌의 활동 정도를 식별합니다.

뇌의 어떤 영역에 있는 뉴런들이 활성화되면 그 영역으로 혈액 공급이 증가하고 그에 따라 산소 농도도 높아집니다. fMRI는 이런 흐름의 변화를 측정해서 궁극적으로 우리의 마음을 읽습니다.

° polygraph, 심장 박동, 혈압, 땀 등을 동시에 측정하는 기계로 다원 기록계라고도 부릅니다.—옮긴이

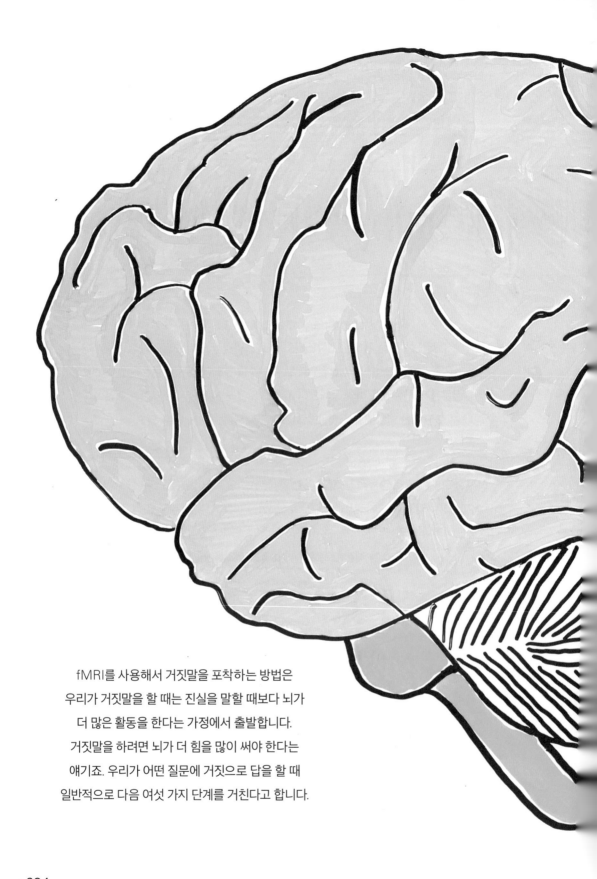

fMRI를 사용해서 거짓말을 포착하는 방법은
우리가 거짓말을 할 때는 진실을 말할 때보다 뇌가
더 많은 활동을 한다는 가정에서 출발합니다.
거짓말을 하려면 뇌가 더 힘을 많이 써야 한다는
얘기죠. 우리가 어떤 질문에 거짓으로 답을 할 때
일반적으로 다음 여섯 가지 단계를 거친다고 합니다.

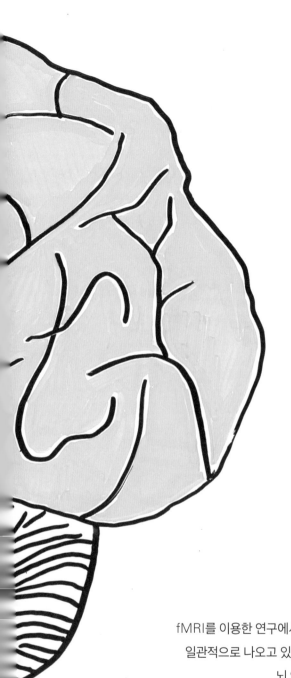

맨 처음 **(1)** 질문을 지각하고, **(2)** 질문의 내용을 이해하며, **(3)** 질문과 관련된 정보를 기억의 창고에서 끌어 모으고, **(4)** 판단하고 계획하고 결정하는 활동에 돌입합니다. 거짓말을 할 때의 위험과 이익을 비교해서 거짓말을 할지 참말을 할지 결정해야 하니까요. 과학자들은 우리의 뇌가 특별한 노력을 기울이지 않으면 자동적으로 진실을 말하도록 만들어졌다고 믿고 있습니다. **(5)** 적극적으로 진실을 말하려는 자동적 반응을 억제합니다. **(6)** 마침내 거짓말을 합니다.

fMRI를 이용한 연구에서 거짓말을 할 때 뇌 활동이 증가한다는 결과가 일관적으로 나오고 있습니다. 특히 자기 통제와 의사 결정을 담당한 뇌 영역의 활동이 늘어납니다.

안타깝게도 보통 사람들이 다른 이의 거짓말을 판별할 뾰족한 방법은 없습니다. (다행인지 불행인지) 거짓말을 할 때마다 코가 길어지는 것은 동화에나 나오는 이야기니까요. 그러나 기술 발달 덕분에 과학자들은 거짓말쟁이와 진실한 사람을 가려내는 데 도움이 되는 방법을 제시하고 있습니다.

미루기의 과학

자, 인정하시죠. 지금 여러분은 뭔가 다른 할 일을 미루기 위해
이 책을 읽고 있는 건 아닌가요? 여러분은 미루기를 멈추는 법을 배우기를 미루고
있습니다. ('미루기의 미루기'라고 부를 수 있겠네요!) 그러나 지금도 시간은 흘러가고
있습니다. 왜 우리는 미루기를 멈추지 못할까요?

비록 그 심리학적 원인이 무엇인지는 여전히 논쟁 중이지만 우리 대부분은 보상의 가치를 시간적 근접성에 비추어 과대평가하거나 과소평가합니다. 이런 현상을 '시간 할인(temporal discounting)'이라고 하죠. 예를 들어 여러분에게 오늘 100달러를 받을지, 한 달 후에 110달러를 받을지를 묻는다면 여러분 대부분은 지금 100달러를 받는 쪽을 택할 거예요. 그런데 만일 1년 후 100달러를 받을지 1년 1개월 후에 110달러를 받을지를 고르라고 한다면 여러분은 '1년을 기다렸는데 1달을 더 못 기다리겠어?'라고 생각할지도 모릅니다. 그러나 시간의 차이와 돈의 가치 차이는 두 사례에서 완전히 동일합니다.

인간의 동기는 보상이 얼마나 가까운 미래에 주어질지에 크게 영향을 받는 것으로 드러났습니다. 보상을 받을 시점이 지금으로부터 멀면 멀수록 우리는 보상의 가치를 평가 절하합니다. 이런 현상을 종종 '현재 편향(present bias)' 또는 '과도한 가치 절하(hyperbolic discounting)'라고 부르기도 합니다. 그래서 한참 후에 볼 시험의 완벽한 점수보다는 지금 당장 인터넷 사이트나 SNS에서 노닥거리는 즐거움이 훨씬 더 크게 느껴지지요. 시간의 근접성이 시험 점수의 가치를 갑자기 드높여 주기 전까지 말이죠. 그 가치가 최대치가 된 순간 밤을 새 벼락치기 공부에 돌입합니다.

그뿐만 아니라 뭔가 즐거운 일이 일어날 때마다 우리 뇌에서 도파민이 분비됩니다. 도파민은 뉴런에 영향을 주어 그 즐거움을 주는 행위를 반복하게 만듭니다. 문제는 비디오게임이나 인터넷을 둘러보는 일은 수많은 작은 보상을 바로바로 계속해서 공급해 주는데 시험공부는 단 한 번, 그것도 미래에 보상을 줄 뿐입니다. 그렇다면 우리는 수많은 과제와 할 일들을 미루고 싶은 본능을 어떻게 극복할 수 있을까요?

안타깝게도 이런 상황을 한 방에 해결할 수 있는 묘책은 없습니다. 그러나 도움이 될 만한 몇 가지 전략은 있습니다. 일하는 중간, 중간 자신에게 보상을 하세요. 간식 먹기나 인터넷 하기, 그밖에 다른 즐거운 활동들을 틈틈이 넣어 주는 거예요. '포모도로 기법'이라는 시간 관리법은 타이머를 사용합니다. 타이머를 맞춰 놓고 25분 동안 쉬지 않고 일하고 나서 5분을 쉽니다.

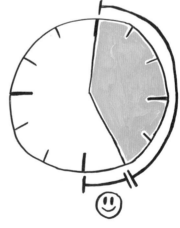

그런 다음 다시 타이머를 작동하고 일하는 식이죠. 25분으로 시작해서 점차적으로 시간을 늘려 가다 보면 상위 실행 능력을 향상시킬 수 있습니다.

자신이 할 일을 미루는 경향이 있다는
사실을 인정하세요. 미래의 여러분도
역시 할 일을 미룰 것입니다. 그러니까
스스로 기한을 정해 배수의 진을 쳐 놓고
일을 시작하는 것이 효과적입니다.
그 기한이 외부에서 부과된 것이라면
더욱 효과적이고요.

그리고 일의 과정을 즐기도록 노력해 보세요. '아, 또 지긋지긋한 고문을 20분간 더 받아야
하다니!'라고 생각하는 대신 '나는 의미 있는 일을 하고 있어.'라든지 '나는 생산적인
사람이야.'라고 생각해 보세요. 같은 맥락으로, 여러분이 지금 이 일을 하는 이유,
달성하고 싶은 목표를 쭉 적어 보세요. 이 일을 꼭 하고 싶다는 마음을 강화할수록 갈팡질팡,
우유부단하게 시간을 보내는 빈도가 적어질 거예요. 많은 경우에 '미루기'는 원인이 아니라 고칠
수 있는 증상입니다. 적절한 동기 부여는 미루는 습관을 떨쳐 버리는 데 큰 도움이 됩니다.

마지막으로 할 수 있다면 유혹거리를 제거해
버리세요. 인터넷 접속을 끊거나 컴퓨터를 꺼 버리고,
좋아하는 게임은 저 멀리 치워 버리세요. 아니면
장소를 바꿔서 일을 해 보는 건 어떨까요?

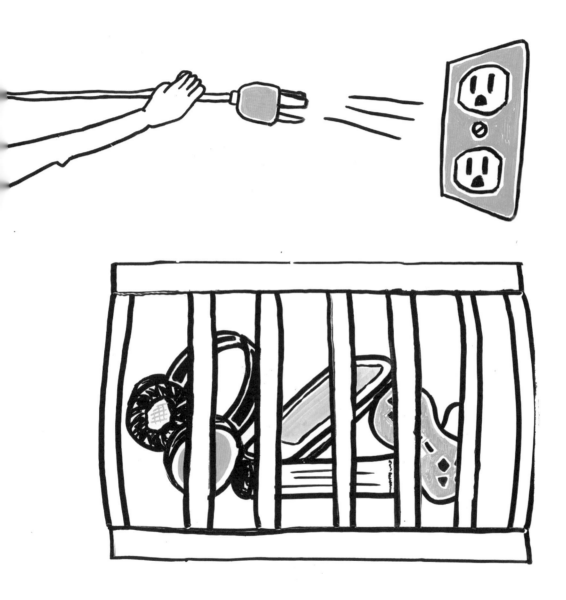

고질적인 유혹거리를 제거해 버려서
옆길로 새지 못하게 하는 방법은 큰 효과가 있답니다!

숙취 해소의 과학

어젯밤 즐겁게 진탕 마셔 댔더니 오늘 아침 기분이 아주…… 상쾌하지 못하군요. 어떻게 하면 좋을까요? 술을 멀리해야죠, 뭐. '다시는 마시지 말아야지!' 그러나 이 결심은 일주일을 넘기지 못합니다. 똑같은 일이 되풀이되죠. 이 쳇바퀴에서 결코 벗어날 수가 없다는 것을 여러분도 잘 알고 있지요? 숙취 해소에 도움을 준다는 약도 여러 종류 있고 이런저런 민간요법들도 들어 봤을 거예요. 그러나 실제로 과학적으로 입증된 숙취 해소 방법을 알고 싶다면 지금부터 잘 들으세요.

1. 술을 마시기 전에

기름진 음식과 탄수화물이 많이 든 음식을 먹는 것이 좋습니다. 술보다 안주가 더 문제라고요?
하지만 어쨌든 기름진 음식은 알코올의 흡수를 늦추고 또한 알코올이 위를 자극하는 것을 억제합니다.
한편 탄수화물은 혈당이 떨어지는 것을 막고 메스꺼움을 예방합니다. (그러니까 술 마시고 토하는 것을 방지해
주겠죠.) 또한 우리 몸이 알코올 대사 과정에서 나오는 해로운 부산물을 분해할 시간을 벌어 줍니다.
이 해로운 부산물들이 주로 숙취를 일으키는 원인이 됩니다.

물을 마시고 또 마셔요. 물은 술을 마시기 전에, 술을 마시는
동안, 그리고 술을 마시고 난 후에 우리에게 가장 도움이 되는
좋은 친구입니다. 알코올은 이뇨 작용을 활발하게 합니다.
즉 술을 마시면 몸속의 수분이 더 많이 배출되지요. 그런데
우리 몸에 수분이 부족해지면 다른 장기들이 뇌의 수분을
빼앗기 시작하고 그 결과 뇌가 진짜로 쪼그라듭니다. 그리고
지끈지끈한 두통이 뒤따르지요.

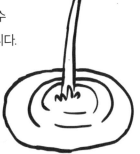

숙취를 해소해 준다고 광고하는 약들은 헛소리일
가능성이 높습니다. 그나마 숙취에 도움이 될 법한 유일한
약은 멀티비타민 알약 정도일 거예요. 알코올이 이뇨
작용을 활성화하기 때문에 우리 몸에 꼭 필요한 필수
비타민들이 밤새 소변으로 빠져 나갈 가능성이 높습니다.
그러니 되도록 빨리 다시 쟁여 놓는 것이 좋겠죠?

2. 술을 마시는 동안

물을 한 잔 또 마셔요.

그리고 몸을 생각해서 옅은 색의 술을 마시도록 노력하세요. 붉은 포도주나 버번,
위스키, 브랜디와 같이 색이 진한 술은 콘제너(congener)라고 하는 발효 과정에서
생성된 부산물이 많이 포함되어 있는데 이것이 술의 독성을 더하는 역할을 합니다.
우리 몸이 콘제너를 배출하는 데 더 많은 일을 해야 하는 것이죠.

맥주는 이런 색이 진한 술에 포함되지는 않지만 "맥주를 마시고 증류주를 마시면
한 방에 간다."는 서양 속담은 일리가 있습니다. 맥주나 탄산음료에 들어 있는
탄산이 알코올의 흡수 속도를 빠르게 해서 술을 마시는 동안 더 빨리 취하게 하고
술을 마신 후에 숙취도 더 심해지게 합니다.

3. 술을 마신 후

물을 더 마시도록 하세요. 아마 밤새 화장실을 들락거릴 겁니다. 그렇지만
다음 날 아침 머리가 터져 버릴 듯 아픈 것보다는 낫지 않을까요?

아스피린

억제

프로스타글란딘

원인

숙취

타이레놀

손상

간

손상

알코올

잠자리에 들기 전에 아스피린을 한 알 먹는
것은 도움이 됩니다. 아스피린에는 카페인이
들어 있지 않고 숙취의 원인으로 알려진
프로스타글란딘(prostaglandin)의 분비를
억제하기 때문입니다.

그러나 아세트아미노펜, 이른바 타이레놀은
멀리하세요. 아세트아미노펜은 간에 매우
해로운데 알코올과 함께 몸에 흡수될 경우
심각한 손상을 일으킬 수 있습니다.

4. 끔찍한 다음 날 아침

다음 날 아침에 뭘 먹느냐도 매우 중요합니다. 달걀에 많이 들어 있는 아미노산 중 하나인 시스테인(cysteine)은 알코올을 아세트산염으로 분해하는 데 필요합니다. 바나나는 뇌와 근육, 그리고 여러 신체 기능에 필수적인 칼륨을 많이 포함하고 있습니다. 과일 주스에는 비타민과 과당이 들어 있어서 우리 몸에 에너지를 공급하고 독성 물질을 몸 밖으로 빨리 배출시키도록 돕습니다.

술을 마실 때 무엇보다 중요한 법칙은 '너 자신을 알라.'입니다. 감당할 수 있는 술의 한계는 성별, 인종, 개인에 따라 큰 차이가 있습니다. 그러나 여러분이 앞서 설명한 간단한 전략을 올바른 순서로 사용한다면 끔찍한 숙취에서 벗어나는 데 큰 도움이 될 거예요. 적어도 다음번 엄청난 과음 전까지는 말이죠.

꿈, 각성,

낮잠, 잠

낮잠의 과학적 힘

오후에 종종 진이 다 빠지고 피곤해서 아무것도 하기 싫을 때가 있죠? 커피나 탄산음료, 에너지드링크를 마시면서 길고 긴 하루를 버텨 보려고 안간힘을 씁니다. 끊임없이 하품을 해 대고 피로와 싸우면서 말이죠. 그런데 이런 괴로운 상태를 타개할 최고의 해법은 아이러니하게도 우리가 피하고자 몸부림치는 바로 그것에 있답니다. 답은 바로 '잠'입니다. 놀랍게도 낮잠이야말로 우리의 뇌를 젊고 싱싱하게 만들어 주는 가장 효과적인 비법이랍니다!

수면에는 네 가지 단계가 있습니다. 첫 번째 두 단계는 비교적 얕은 잠이고 세 번째 단계에서 비로소 깊은 잠에 빠져듭니다. 마지막 단계는 '빠른 안구 운동(rapid eye movement, REM)', 렘수면 단계라 불리는데 우리가 꾸는 대부분의 꿈은 바로 이 단계에서 시작됩니다. 낮잠의 이로운 효과는 잠자는 시간과 밀접한 관계가 있습니다.

10~30분
!

10분에서 30분 정도의 짧은 잠은 대개 첫째 단계에만 들어가고 맙니다. 이 1단계 수면에서 안구가 천천히 움직이기 시작하는데 이때 깨면 아예 '잠이 들지 않았다.'는 느낌이 듭니다. 그런데 이 단계를 지나서 두 번째 단계에 들어가면 우리의 뇌는 위험하지 않다고 판단한 외부의 자극을 무시해 버립니다. 몸을 편안하게 이완해서 고요하게 잠들 수 있게 하기 위해서지요. 이때 기억의 고착이 일어나기 시작합니다. 깨어 있는 동안 받아들인 정보를 처리하는 것이지요. 이 2단계 수면 중에 잠에서 깨어나면 생산성이 늘어나고, 인지 기능이 향상되며 기억이 강화되고, 창조성이 높아지며, 무엇보다도 피로를 덜 느낀다는 여러 가지 이점을 누릴 수 있습니다.

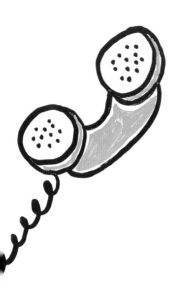

30분 이상

잠든 지 30분이 넘어가면 3단계의 수면에 돌입합니다. 만일 이때 잠에서 깨면 얼마간 '비몽사몽' 상태를 경험합니다. 왜냐하면 몸이 깊은 수면에서 막 빠져 나왔기 때문에 움직임의 기민성이 떨어지고 기진맥진한 느낌과 다시 잠들고 싶은 욕구는 크게 늘어납니다. 낮잠이 자신에게는 맞지 않다고 말하는 사람들이 많은데 사실은 낮잠을 너무 오래 자기 때문에 그런 것입니다.

낮잠의 효과가 분명해지면서 일본에서는 낮잠 살롱이 문을 열었습니다. 직장인들이 점심시간 동안 이곳에 들러 낮잠용 소파베드에서 짧은 잠을 잠으로써 맑은 정신으로 오후 일에 집중할 수 있게 된다는 것이죠. 자, 그러니 이제 우리 모두 직장에서 일하는 짬짬이 잠을 청하는 게 어떨까요? 상사가 뭐라고 하면 "생산성을 향상시킨다고 과학적으로 입증된 방법입니다!"라고 말하세요.

아침 발기의 과학

이 현상은 성인 남성뿐만 아니라 어린 소년, 심지어 엄마 뱃속에 있는
남자 태아에게서도 일어납니다. 특별한 캠핑 기술 없이도 아침마다
'텐트를 치는' 남성의 능력에 대해 들어 본 일이 있을 거예요.
자, 이런 농담의 텐트를 걷어 버리면 '수면 중 음경 팽창'이라고 불리는
단단한 진실을 만날 수 있습니다.

아침 발기는 정상적인 수면 주기의 일부이며
밤에 잠을 자는 동안 여러 차례에 걸쳐 일어납니다.

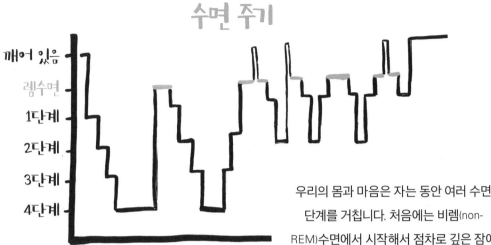

수면 주기

우리의 몸과 마음은 자는 동안 여러 수면 단계를 거칩니다. 처음에는 비렘(non-REM)수면에서 시작해서 점차로 깊은 잠에 빠져들었다가 결국 안구가 빠르게 움직이는 얕은 잠 단계인 렘(REM)수면에 도달합니다. 밤에 잠을 자는 동안 이 주기가 4~5차례 반복됩니다. 렘수면에 들어가면 꿈을 꾸기 시작할 뿐 아니라 몇 가지 생리적 변화가 함께 일어납니다. 뇌는 몇 가지 신경 전달 물질을 차단하기 시작하는데 그것은 몸이 꿈속의 행위를 실제 움직임으로 옮기지 않도록 통제하기 위해서입니다.

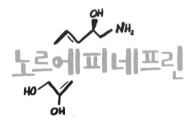

노르에피네프린

차단되는 신경 전달 물질 중 하나인
노르에피네프린이 발기 조절과 관련되어
있습니다. 특히 음경으로 연결된 혈관을
수축시켜 능동적으로 발기를 막는 역할을
한답니다. 그러니까 혈관이라는 도로의
빨간불 역할을 하는 셈이죠.

그런데 렘수면에 들어가면
노르에피네프린의 농도가
감소합니다. 그리고
테스토스테론과 관련된 활동이
마음껏 일어날 수 있게 되지요.
그 결과 음경 혈관이 팽창되면서
혈액 공급이 늘어나 궁극적으로
발기가 일어납니다.

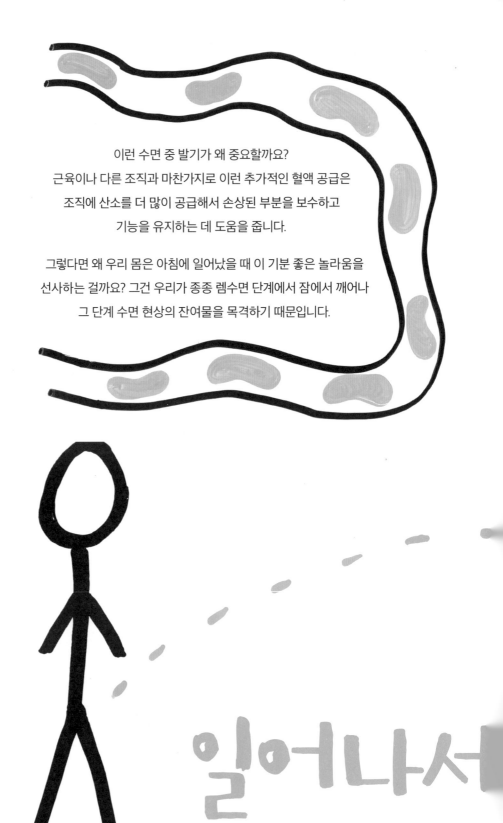

이런 수면 중 발기가 왜 중요할까요?
근육이나 다른 조직과 마찬가지로 이런 추가적인 혈액 공급은
조직에 산소를 더 많이 공급해서 손상된 부분을 보수하고
기능을 유지하는 데 도움을 줍니다.

그렇다면 왜 우리 몸은 아침에 일어났을 때 이 기분 좋은 놀라움을
선사하는 걸까요? 그건 우리가 종종 렘수면 단계에서 잠에서 깨어나
그 단계 수면 현상의 잔여물을 목격하기 때문입니다.

일어나서

그리고 방광이 가득 차는 것도 아침 발기를 일으키는 한 원인이라는 증거가 있습니다. 밤새 방광이 커지면서 척수의 어떤 영역을 자극해 '반사적 발기'를 일으키는 거죠.

이 현상의 생리적 장점은 자는 동안 소변을 실례하는 것을 방지해 준다는 것입니다. 그러나 대부분의 남자들은 아침마다 화장실에서 겪는, 이 현상이 가져다주는 불편을 호소하지요.

쏘세요!

지각몽의 과학

꿈은 현실에서 탈출해 우리의 마음속으로 들어가 볼 기회를 줍니다.
꿈속에서 일어나는 일들은 우리가 거의 통제할 수 없는 것처럼 보이죠.
그런데 만일 지금 꿈을 꾸고 있다는 사실을 알 수 있다면,
그리고 마음대로 꿈의 내용을 조종할 수 있다면 어떨까요?
그것이 바로 자각몽입니다. 그런데 자각몽을 꾸는 것이 완전히 가능하다고
밝혀졌습니다. 약간의 노력과 연습으로 자각몽을 꿀 수 있다고 말이지요!

이쯤에서 어떤 분들은 이렇게 말할지도 모릅니다. "뭐래? 난 아예 꿈 자체를 꾸지 않는데!" 그러나 실제로 모든 사람들이 세 번에서 일곱 번 꿈을 꾼다고 합니다. 문제는 재빨리 잊어버리기 때문에 꿈을 꾸지 않았다고 생각하는 거죠. 자각몽을 꾸기 위해서 첫 번째로 할 일은 '꿈 일지'를 쓰는 것입니다. 꿈 일지를 쓰면 꿈을 기억하는 능력이 향상되고 꿈을 의식적으로 자각하는 능력이 강화됩니다. 그러니까 아침에 일어날 때마다 기억나는 꿈을 적어 보세요. 기억나지 않더라도 일단 매일 아침에 적는 습관을 들여 보세요.

매일 밤
3~7개
꿈

그 다음 단계는 '현실 점검'을 하는 것입니다. 꿈속에서는 어떤 문장을 읽는다든지, 손가락으로 숫자를 센다든지, 시간을 확인하는 것과 같이 매우 단순한 일들이 이상하게 돌아가는 경우가 많습니다. 자, 지금 한 번 간단한 현실 점검을 시도해 보세요. 시계를 보고 시간을 확인해 보세요. 그런 다음 고개를 돌려 다른 곳을 본 후에 다시 시계를 바라보세요. 여러분이 지금 꿈을 꾸고 있지 않다면 시계 바늘은 조금 전 확인한 바로 그 자리에 있을 겁니다. 그러나 지금 여러분이 꿈속에 있다면 방금 확인한 시간이나 방금 읽은 단어가 완전히 다른 것으로 바뀌어 있을 가능성이 높습니다. 여러분이 할 일은 깨어 있는 동안 되도록 자주 이런 현실 점검을 해 보는 것입니다. 그러다 보면 현실 점검이 여러분의 습관으로 뿌리박혀 꿈을 꿀 때에도 습관적으로 현실 점검을 해 보고 뭔가 잘못됐음을 깨닫게 될 거예요.

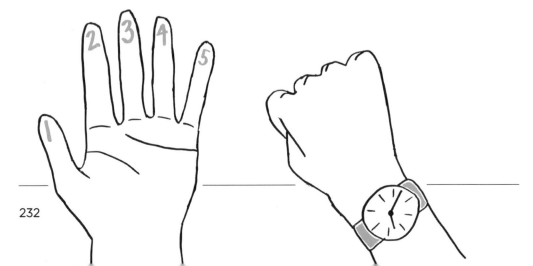

마일드 방법

이런 연습을 한 후에는 '기억 유도 자각몽(mnemonically induced lucid dreams)', 또는 줄여서 마일드(MILD)라고 부르는 방법을 시도할 차례입니다. 막 잠이 들려고 할 때 최근 꾼 꿈을 생각하면서 의식적으로 그 꿈속으로 들어간다고 상상해 보세요. 이 방법은 꿈속에서 자신의 꿈을 자각하려는 의도를 강화하는 것입니다. "나는 오늘 밤 자각몽을 꿀 것이다."라는 문장을 마음속으로 되풀이해 보세요. 자각몽을 꿀 확률이 가장 높은 상황은 자다가 한밤중에 일어나서 약 30분 정도 깨어 있은 후에 자각몽을 꾸겠다는 의도를 가지고 다시 잠드는 경우라고 해요.

와일드 방법

마지막으로 이 마일드 방법으로 성공을 거두었다면 좀 더 발전된 기법인 '각성 유도 자각몽(wake-induced lucid dreams, WILD)'을 시도해 볼 만합니다. 이 방법은 여러분의 몸은 잠들지만 마음은 깨어 있는 상태를 유지하는 것입니다. 몸을 완전히 이완한 채로 움직이지 마세요. 그런데 이 방법에는 이른바 가위 눌리기라고 하는 수면 마비 증상을 경험할 수 있는 위험이 뒤따릅니다. 수면 마비는 우리가 자는 동안 이리저리 돌아다니거나 움직이는 것을 방지하려는 지극히 정상적인 현상입니다. 다만 의식이 깨어 있을 뿐이죠. 그렇기 때문에 약간 무서운 기분이 들 수 있습니다.

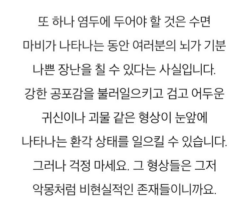

또 하나 염두에 두어야 할 것은 수면 마비가 나타나는 동안 여러분의 뇌가 기분 나쁜 장난을 칠 수 있다는 사실입니다. 강한 공포감을 불러일으키고 검고 어두운 귀신이나 괴물 같은 형상이 눈앞에 나타나는 환각 상태를 일으킬 수 있습니다. 그러나 걱정 마세요. 그 형상들은 그저 악몽처럼 비현실적인 존재들이니까요.

자각몽에 대한 과학적 연구 결과, 우리 뇌에서 메타 의식°을 담당하는 부위에 관한 통찰을 얻을 수 있었습니다. 이런 발견은 꿈 치료나 악몽을 예방하는 데 이용할 수 있고 심지어 수면과 각성이 서로 구분된 별개의 과정인가, 아니면 한 연속체의 서로 다른 부분인가 하는 질문을 제기하기도 합니다.

어쨌든 어떤 활동을 하는 꿈을 꾸는 것은 우리 뇌가 하는 신경 활동의 기능적 체계에서
볼 때에는 실제로 그 활동을 하는 것과 같습니다. 자, 여러분이 지금 꿈을 꾸는 것이
아니라고 확실히 말할 수 있나요?

○ metaconsciousness, 의식을 의식하는 것을 말합니다.―옮긴이

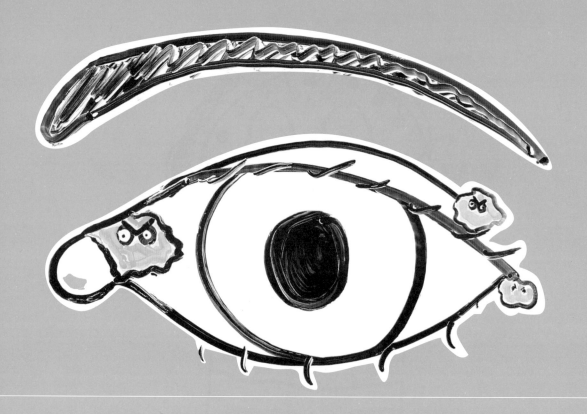

눈곱은 왜 생길까?

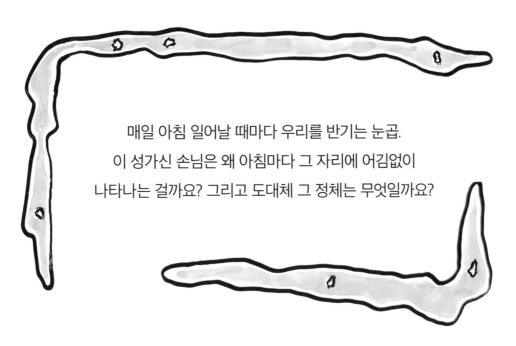

매일 아침 일어날 때마다 우리를 반기는 눈곱.
이 성가신 손님은 왜 아침마다 그 자리에 어김없이
나타나는 걸까요? 그리고 도대체 그 정체는 무엇일까요?

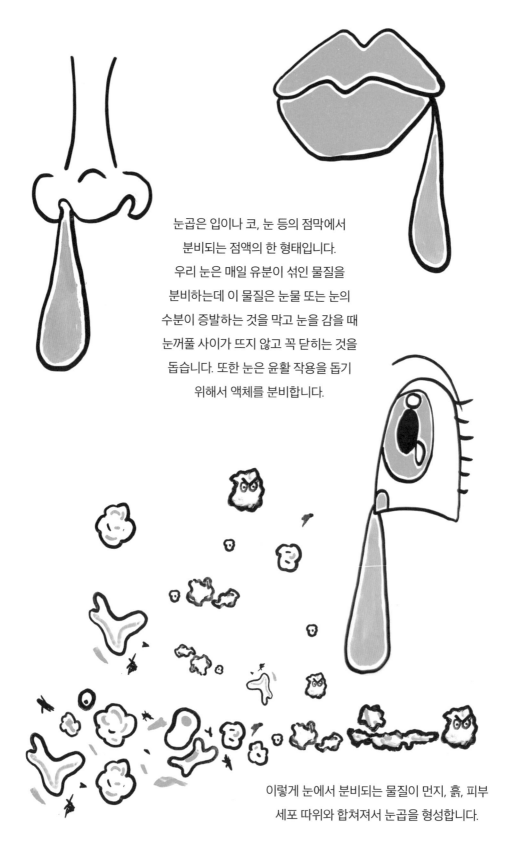

눈곱은 입이나 코, 눈 등의 점막에서
분비되는 점액의 한 형태입니다.
우리 눈은 매일 유분이 섞인 물질을
분비하는데 이 물질은 눈물 또는 눈의
수분이 증발하는 것을 막고 눈을 감을 때
눈꺼풀 사이가 뜨지 않고 꼭 닫히는 것을
돕습니다. 또한 눈은 윤활 작용을 돕기
위해서 액체를 분비합니다.

이렇게 눈에서 분비되는 물질이 먼지, 흙, 피부
세포 따위와 합쳐져서 눈곱을 형성합니다.

우리가 깨어 있을 때는 눈을 깜박일
때마다 눈꺼풀이 점막의 분비물을 쓸어
냅니다. 그러나 잠이 들면 눈을 깜박이지
않기 때문에 분비물이 눈의 구석과 눈꺼풀
가장자리 속눈썹이 난 곳에 모여서 밤새
눈곱으로 변신합니다. 그러니까
주변의 건조한 공기와 체온이 액체
상태의 분비물을 '졸여서' 고체로
만드는 셈이지요.

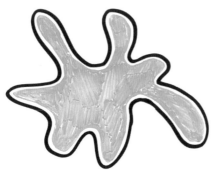

분비물 속의 수분의 양, 체온, 액체가
증발하는 데 걸린 시간 등에 따라 잠에서
깨어났을 때 바삭바삭거나, 단단하거나,
촉촉하거나, 끈적끈적한 다양한 상태의
눈곱을 발견할 수 있습니다.

눈에 눈곱을 달고 일어나는 일은 매우
자연스러운 현상입니다. 그러나 특히
눈곱이 많이 생기는 경우가 있습니다.
여러분이 감기에 걸리면 수분이 많아
진득한 눈곱이 많이 생깁니다.

코가 막힐 때는 눈과 코가
밀접하게 연결되어 있기 때문에
잠자는 동안 코 안의 점액이 눈으로
역류해 평소보다 많은 눈곱이
생기기도 합니다.

눈의 안쪽 끝에 보이는
작은 반달 모양의 분홍색 살점을
'반월추벽(plica semilunaris)'이라고
부릅니다.

제3의 눈꺼풀

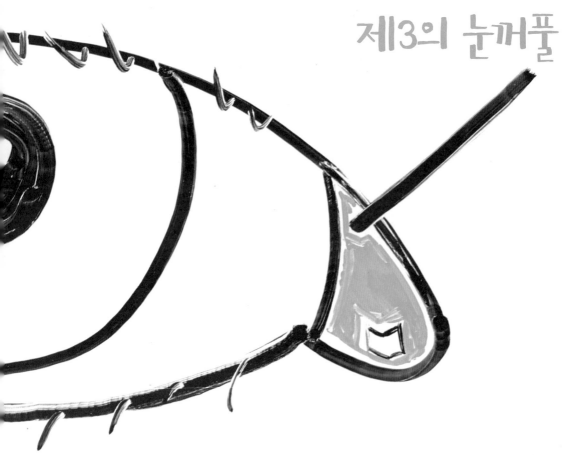

점액을 만들어 내는 세포들이 이곳에
많이 분포해 있어서 눈곱을 만드는 데
큰 역할을 하지요. 반월추벽은 또한
오래전 우리 조상들이 갖고 있었으나
진화 과정에서 사라진 제3의 눈꺼풀의
흔적일지도 모릅니다.

제3의 눈꺼풀은 고양이, 물개, 북극곰과 같은 일부 포유류에서 찾아볼 수 있습니다. 투명한 막으로 이루어진 이 눈꺼풀은 동물의 눈 위에서 가로 방향으로 열고 닫히면서 물속에서, 또는 태양빛으로부터 눈을 보호합니다. 또한 제3의 눈꺼풀은 마치 자동차 전면 유리의 와이퍼처럼 눈물을 눈 전체로 골고루 펴 바르고 눈에 들어오는 이물질을 제거하기도 합니다.

아침마다 눈가의 눈곱을 떼어 내는 일은 귀찮고 추접스럽긴 하지만 이 작은 덩어리들이 눈의 건강을 지키는 데 매우 중요한 역할을 합니다. 분비물을 눈의 구석으로 몰아가면서 각막에 해를 줄 수 있는 이물질을 제거해 눈을 보호하니까요. 그러니 잠에서 깨어났을 때 눈가에 낀 눈곱을 보면, 여러분의 눈이 건강한 상태를 유지하기 위해 잘 관리하고 있다는 증거니 반갑게 맞이하세요!

스누즈 버튼, 사용해도 좋을까?

잠에서 덜 깬 채로 스누즈 버튼°을 누를 때면
이것이야말로 인류 최고의 발명품 중 하나란 생각이
듭니다. 9분 후 끔찍한 알람이 다시 울리기 전까지는 말이죠.
그러나 몇 분 더 자고 일어나 봤자 잔 것 같지도 않고 더
피곤하기만 하죠. 스누즈 버튼을 또 눌러야 할까요?
이렇게 스누즈 버튼으로 연장한 몇 분의 수면이
도움이 될까요? 아니면 피곤도 해결되지 않으면서
결국 지각으로 이끄는 악순환일 뿐일까요?

° snooze button, 알람 시계가 울릴 때 조금 더 자기 위해 누르는 버튼. 알람이 일단 멈추었다가
몇 분 후에 다시 울리도록 되어 있습니다.—옮긴이

만일 이 세상에 알람 시계가 없다면 우리 몸은 자연에 맞추어 잠에서 깨어날 거예요. 상상할 수도 없다고요? 그러나 우리 몸에는 잠이 들게 할 뿐만 아니라 잠에서 깨어나게 만드는 화학 기제가 내장되어 있습니다.

우리 몸은 자연적으로 잠에서 깨어나기 1시간쯤 전부터 일어날 준비를 합니다. 체온이 올라가고, 수면 단계가 얕은 수면으로 바뀌고 도파민이나 코르티솔과 같은 호르몬이 분비되어 하루를 시작할 에너지를 공급합니다. 그런데 알람 시계의 문제는 단잠을 깨우는 알람 소리가 자연스러운 수면 주기를 방해해서 이런 준비 과정을 크게 단축시킨다는 거예요. 특히 규칙적인 수면 습관을 갖고 있지 않다면 더욱 문제가 됩니다. 알람이 울리지만 몸은 준비가 되지 않은 상태죠. 이렇게 잠에서 깨면 멍하고 피곤한 상태가 되는데 비몽사몽의 정도는 어떤 수면 단계에서 잠에서 깨느냐에 따라 달라집니다. 깊은 잠에서 깨어나면 비몽사몽 정도가 더욱 심하죠. 그래서 스누즈 버튼을 누르는 악순환이 시작됩니다.

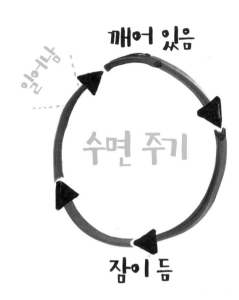

깨어 있음

일어남

수면 주기

잠이 듬

그러나 스누즈 버튼 누르기는 득보다
실이 큽니다. 버튼을 눌러 놓고 다시
잠들면 새로운 수면 주기가 시작되어
더욱 깊은 수면 단계에 들어가게 됩니다.

ZZZzzzzZZZZZZ

그래서 여러분의 몸은 깨어날 준비를 하는 것이 아니라
오히려 반대 방향으로 달려갑니다. 그 결과 두 번째 알람이
울릴 때 더 큰 피로를 느끼게 되지요. 그래서 버튼을 또 누르고, 다시 깊은 잠에
빠지고, 더욱 일어나기 어려워지고⋯⋯ 이런 악순환이 반복됩니다. 차라리 알람을
아예 한참 후로 다시 맞춰 놓아서 수면을 방해하지 않도록 하는 편이 낫습니다.

X ‾10‾ ‾10‾ ‾10‾
VS
‾‾‾‾‾‾‾‾‾
30

많은 연구에서 조각, 조각 나누어 자는 잠은 피로 회복 효과가 훨씬 적기 때문에 다음 날
낮에 졸음과 관련된 손상을 일으킬 가능성이 높은 것으로 드러났습니다. 그러니 아침에
30분을 더 자 봤자 낮에 피로를 느끼고 일을 잘 수행하지 못하게 될 가능성이 높습니다.

그렇다면 달리 어떻게 하면 좋을까요?
좀 더 규칙적인 수면 계획을 실천하세요.
피곤한 상태는 꼭 잠이 부족하거나 깊은 수면
상태에서 깨어나서 그런 것만은 아닙니다.
잠자고 깨는 시간이 일정하지 않으면
그것만으로도 피로를 느낄 수 있어요.
우리 몸은 예측 가능성을 좋아합니다.

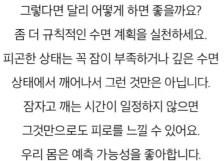
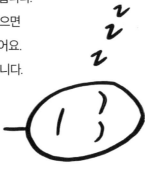

매일 아침 같은 시간에 일어나 보세요.
주말도 포함해서요. 몇 주가 지나면
여러분의 몸은 그 시간에 맞추어져 알람
시계가 필요 없어질 거예요.

알람 소리를 듣고 일어났을 때 좀 피곤하더라도
스누즈 버튼을 누르려는 유혹을 이겨내 보세요.
"잠깐의 잠으로 영원히 패배하게 되리라!"라는 말도 있잖아요.

잠깐의 잠으로, 영원한 패배!

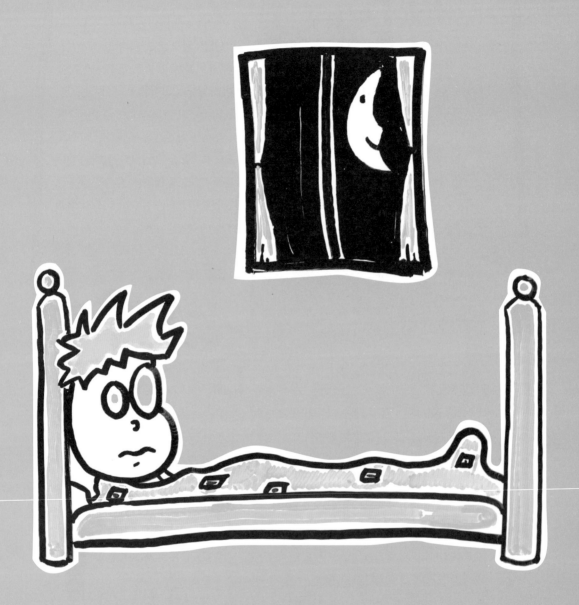

잠을 안 자면 어떻게 될까?

아, 잠! 자도, 자도 모자란 잠! 때때로 충분히 잠을 자지 않은 듯한 느낌을 받습니다. 그런데 만일 아예 잠을 자지 않는다면 어떻게 될까요?

놀랍게도 우리가 왜 자는지, 애초에 왜 우리가 잠을 자도록 진화되었는지 과학자들도 잘 모릅니다. 사실 맹수나 천적이 출몰하는 자연에서 몇 시간씩 의식을 잃고 누워 있는 것은 그리 이롭거나 현명해 보이지 않습니다.

그러나 우리는 잠과 관련된 몇 가지 사실들을 밝혀냈습니다. 예를 들어 밤에 6~8시간 정도 자는 성인이 그렇지 않은 사람들보다 더 오래 사는 것으로 나타났습니다. 반면 너무 오래 자는 것은 심혈관계 질환이나 당뇨병과 같은 건강 문제를 일으킬 수 있습니다. 마찬가지로 만성적으로 잠이 부족할 경우 역시 심혈관계 질환, 비만, 우울증에 걸리거나 심지어 뇌 손상까지 일어날 수 있습니다.

그런데 만일 우리가 아예 지금부터 잠자기를 멈춘다면 어떤 일이 일어날까요? 처음으로 밤을 꼴딱 새고 난 다음에는 뇌의 중변연계(mesolimbic system)가 자극을 받아 도파민이 마구 뿜어져 나옵니다. 그리고 그 결과 에너지, 동기 부여, 긍정성, 심지어 성욕마저 높아지는 효과가 나타날 수 있습니다.

해 볼 만하다고요? 그러나 이것은 위험한 비탈길에 첫발을 내딛는 것과 같습니다. 우리 뇌는 천천히 계획과 의사 결정을 평가하는 영역의 활동을 차단합니다. 그 결과 충동적인 행동에 빠지기 쉬워지죠.

일단 잠을 못 자 피로에 빠져들면 몸의 반응 속도가 느려지고 지각과 인지 기능이 감소하는 걸 느낄 수 있습니다. 하루나 이틀쯤 잠을 자지 않으면 포도당을 적절히 대사하는 능력을 잃어버리고 면역계 역시 제 기능을 하지 못합니다.

3일 연속 잠을 자지 않자 환각을 경험한 사례도 보고되었습니다.

외모가 어떻게 될지는 걱정되지
않나요? 한 연구에 따르면 수면 박탈과
외모 사이에도 직접적 상관관계가
나타났습니다. 그러니까 잠을 자지 않은
사람은 충분한 휴식을 취했을 때보다 덜
건강하고 덜 매력적으로 보인다는 거죠.

과학 연구에서 가장 오랫동안 잠을 자지 않은
사례는 피험자가 연속으로 264시간, 즉 11일을
깨어 있었던 경우입니다. 이 피험자는 집중력,
인지 능력에 이상을 보였고 화를 잘 내는 상태가
되기는 했지만 놀랍게도 장기적 건강 문제는
나타나지 않았습니다.

장기적 건강 문제 없음

사실 이런 수면 박탈 연구에서 의학적,
생리적, 신경적, 정신적 문제를 보인 사례는
없었습니다. 그러나 그 연구들은 제한된
조건에서 이루어진 실험이었고 수면 박탈
시간이 더 길어질 경우 영구적 손상이 일어날
가능성을 배제할 수는 없습니다.

예를 들어 쥐를 가지고 수면 박탈 실험을 했을 때 대개 2주가 지나면 쥐들이 죽어 버렸습니다. 그런데 과학자들은 죽음의 원인이 수면 부족 때문인지 아니면 계속해서 잠들지 못하게 깨우는 과정에서 받은 스트레스 때문인지 확실하지 않다고 말합니다.

어쩌면 우리는 치명적인 가족성 불면증에서 그 답을 찾을 수 있을지도 모릅니다. 이 희귀한 뇌의 유전적 질병에 걸린 환자는 점차로 심각한 불면증에 시달리며 잠을 자지 못하다가 환각을 경험하고 치매 상태에 빠졌다가 급기야 죽음에 이릅니다.

이 질병은 지금까지 전 세계에서 100명 정도만 보고되었습니다. 환자들의 증상이 나타난 후 평균 생존 기간은 18개월이었습니다. 그 기간 동안 잠을 이루지 못하는 증상은 점점 심해지고 몸의 장기들은 점차로 기능을 상실합니다.

그러니까 수면 부족이 당장 여러분의 목숨을
앗아 가지는 않겠지만 지속적인 수면 박탈은 신체에
부정적인 영향을 준다고 할 수 있겠죠.

잘 자요.
하지만 너무 많이는 말고!

감사의 글

누구보다 가장 큰 감사를 드리고 싶은 사람은 우리의 친구이자 동료인 제스 캐롤(Jess Carrll)입니다. 제스 캐롤은 AsapSCIENCE가 탄생하기까지 모든 측면에서 창의적 조언과 멋진 삽화, 그리고 지속적인 지지를 베풀어 주었습니다. 그녀가 없었더라면 이 책이 세상의 빛을 보기까지 훨씬 더 긴 시간이 걸렸을 것이고 삽화는 '졸라맨' 수준에 그쳤을 거예요. 우리는 또한 디자이너인 브라이언 초노우스키(Brian Chojnowski)에게 감사드립니다. 그는 우리가 끼적거린 그림과 횡설수설한 글을 이처럼 멋진 책으로 탈바꿈시켜 주었습니다. 우리의 놀라운 연구 팀원인 제스 저민(Jess Gemin)과 질리안 브라운(Gillan Brown)에게 감사드립니다. 그들은 수많은 과학 논문을 읽고 아이디어를 내고 사실 여부를 점검하는 꼭 필요한, 그러나 매우 고된 작업을 도와주었습니다.

우리가 이 엄청난 작업을 시작하도록 만든 우리의 출판 대리인 새샤 러스킨(Sasha Raskin)을 잊을 수 없지요. 그녀는 우리가 이 책의 아이디어를 떠올리고 작업을 착수하는 데 도움을 주었으며 궁극적으로 우리가 바랄 수 있는 최고의, 그리고 가장 사랑스러운 편집자, 섀넌 웰치(Shannon Welch)에게 연결시켜 주었습니다. 섀넌, 당신의 열정, 조언, 그리고 (무엇보다 중요한) 인내심은 하늘이 내려준 복이었습니다! 진심으로 큰 감사를 드립니다. 섀넌은 우리를 제 정신으로 유지시켜 주었고, 또한 궤도에서 이탈하지 않도록 돌보아 주었습니다.

이 책을 쓰는 동안 과학에 미쳐서 하루 종일 책의 주제에 대해서만 주워 섬기는 우리를 참아 준 친구들에게, 특히 우리와 같은 공간을 사용한 브라이언과 새라에게 감사를 전합니다. 그리고 물론 가족들 앤, 밥, 길 브라운과 웬디, 필, 킴, 맷, 마이크 모핏에게 감사드립니다. 사랑하는 가족들은 언제나 우리를 지지해 주고 우리에게 영감을 주는 존재입니다. 그들 없이는 오늘의 우리도 존재할 수 없죠.

AsapSCIENCE에 대한
추가적인 정보와 이 책에 담긴
과학 내용의 출처에 대해 궁금한 분들은
youtube.com/AsapSCIENCE를
방문해 주시기 바랍니다!

찾아보기

옮긴이 임지원

서울 대학교에서 식품 영양학을 전공하고 동 대학원을 졸업했다. 전문 번역가로 활동하며 다양한 인문 과학서를 번역했다. 옮긴 책으로는 『일상적이지만 절대적인 화학 지식 50』, 『금속 전쟁』, 『공기』, 『에덴의 용』, 『진화란 무엇인가』, 『섹스의 진화』, 『스피노자의 뇌』, 『넌제로』, 『슬로우데스』, 『루시퍼 이펙트』, 『급진적 진화』, 『사랑의 발견』, 『세계를 바꾼 지도』, 『꿈』, 『빵의 역사(공역)』 등이 있다.

기발한 과학책

1판 1쇄 펴냄 2016년 4월 1일
1판 12쇄 펴냄 2024년 10월 15일

지은이 미첼 모피트, 그레그 브라운
옮긴이 임지원
펴낸이 박상준
펴낸곳 (주)사이언스북스

출판등록 1997. 3. 24.(제16-1444호)
(06627) 서울특별시 강남구 도산대로1길 62
대표전화 515-2000, 팩시밀리 515-2007
편집부 517-4263, 팩시밀리 514-2329
www.sciencebooks.co.kr

한국어판 ⓒ 사이언스북스, 2016. Printed in Seoul, Korea.
ISBN 978-89-8371-779-5 03400